만능 백신은 없다
코로나 이후 생존 도시

"한 번도 문명의 선두에 섰던 적이 없는 대한민국,
신문명의 주역이 되자."

일러두기

책에 등장하는 주요 인명, 지명, 기관명 등은 국립국어원 외래어 표기법을 따랐지만
일부 단어에 대해서는 소리 나는 대로 표기했습니다.

만능 백신은 없다

코로나 이후 생존 도시

포르체

"우리는 환경을 스스로 만들며 살아가는

유인원이자 도시를 건설하는 존재,

즉 '호모 우르바누스'이다."

– 피터 스미스 Peter Smith –

도시는 바뀌어야 한다: 팬데믹을 예방하는 도시

코로나 19는 우리가 사는 환경, 특히 도시의 안전과 건강 문제의 민낯을 여지없이 드러내고 그 해결책을 요구하고 있다. 새로운 문명 도시, 건강한 도시를 만드는 것이 미래로 가는 관문이 되었다. 새로운 도시를 어떻게 만들어야 할까? 도시는 현대인에게 삶의 주요한 터전이면서 건강과 생명을 보호받는 장소라고 할 수 있다. 사실 현대인뿐 아니라 농업혁명이 일어나서 문명이 시작된 이후 도시는 끊임없이 발전하면서 삶의 주요 터전이 되어왔고, 더 나은 미래를 만들어가고자 노력했던 장소였다. 그러므로 '건강한 도시'란 그곳에 거주하는 구성원의 건강을 돌보고 후손을 낳아 번성하고자 했던 인류 공동체의 목적을 가장 잘 실현할 수 있는 곳이라고 할 수 있다.

문명이 시작된 과거로 돌아가 보면, 도시 안에 많은 사람들이 모여 살기 시작하면서 농촌의 부락과는 달리 도시 공동체 내에 질서와 규율이 체계적으로 만들어졌다. 이러한 질서와 규율이 만들어졌던 이유는 지배자 혹은 지배계급의 권력을 강화하고 효율적으로 통치하고자 했기 때문이지만 본질적으로는 도시와 같은 공동체에 사는 구성원들의 안전과 번성을 위한 것이다. 결국 도시와 좀 더 확대된 공동체인 국가나 제국의 가장 중요한 역할은 질서와 규율을 통해 공동체의 보호와 안전, 그리고 건강한 생활을 살아갈 수 있는 조건을 만드는 것이라고 할 수 있다. 도시는 단순한 생활 터전이 아니라, 사람들이 안전하고 건강하게 살 수 있는 환경을 만들려 했던 노력의 결정체였던 것이다.

한편 도시가 발전해가면서 과거에 경험하지 못한 새로운 문제들을 쏟아내고 있다. 예를 들어 도시가 거대화되고, 또 서로 연결되면서 국지적으로 발생하는 전염병이 짧은 시간 안에 전 세계로 확산되는 환경을 만들었다. 코로나 19가 확산되자, 스페인 독감으로 5천만 명 가까이 희생된 지 100년 만에 다시 전 세계가 엄청난 규모의 팬데믹으로 몸살을 앓았다. 사실 신종 전염병뿐 아니라 만성질환의 유행까지 세계적 현상으로 나타나고 있어 질병에서 국경은 이미 사라졌다. 이와 같이 불현듯 대유행으로 나타나는 새로운 바이러스 감염병과 어느새 사망 요인의 3분의 2를 차지하고 있는 만성질환, 그리고 노령인구가 늘면서 크게 증가하고 있는 알츠하이머병과 같은 신경퇴행성질환 등은 앞으로도 인류를 크게 괴롭힐 것이다. 경쟁과 스트레스 같은 정신적인 소모에 의하여 생기는 우울증과 같은 정신질환도 더욱 늘어날 것이다.

그뿐이 아니다. 대도시화하면서 사람들 사이의 유대관계도 사라지고 있다. 심지어 가장 가까워야 할 가족 간에도 유대가 사라지면서 사회적 문제로 발전할 조짐이 보인다. 사람들 사이의 끈끈한 유대관계가 약해지면 신체적, 정신적, 그리고 사회적 부적응을 심화시킬 뿐 아니라 질병에 걸리거나 건강하지 못한 상황에 처했을 때 적절한 돌봄을 받기가 어려워진다.

사람들이 공동체를 구성하고 사는 가장 중요한 목적은 안전하고 건강하게 살면서 자손을 낳아 번성하고자 하는 것이다. 이러한 목적은 생물학적으로 이미 우리 유전자에 각인되어 있다. 개미나 벌과 같은 곤충이 만드는 공동체에서도 이러한 목적을 엿볼 수 있다. 따라서 안전하고 건강한 사회, 특히 도시를 만드는 일은 공동체 사회의 가장 큰 목적이라고 할 수 있다. 그러한 의미에서 보면 질병을 예방하고 건강을 유지하거나 증진시키는 의료는 공동체 사회를 지탱하는 중요한 요소임이 분명하다. 따라서 빠르게 진행되는 사회적 변화에 맞춰 의료서비스와 생활환경을 개선해나가지 않는다면 새롭게 출현하는 질병에 대한 대응을 제대로 할 수 없고, 공동체 사회를 지속하기 어려워질 것이다.

그렇다면 미래 도시는 어떤 방향으로 만들어가야 할까? 앞으로 대부분의 인류는 도시 공간에서 살 것으로 예측되는 만큼, 미래의 도시를 어떻게 설계하고 만들어갈지를 정하는 것이 인류의 미래를 좌우할 것이다. 특히 중요한 점은 도시 구성원의 건강은 공동체를 유지하고 발전시키는 데 필수적인 요소이기 때문에 '건강'이 도시의 중심 가치로 자리 잡아야 한다는 것이다. 건강을 지킬 수 없는 사회는 정상적인 기능을 할 수 없다는 것이 코로나 19 팬데믹을 통해서 분명해졌다. 한편 질병을 치료하고 건강을 관리하는 의료 체계와 서비스는 교통, 에너지, 상하수도, 녹지와 여가 활동 등과 같은 도시의 다른 기능들과 분리되어서 작동할 수 없다. 따라서 이러한 기능들이 서로 유기적으로 연결되고 통합적으로 작동할 수 있는 도시의 구조를 만들어야 한다.

의료서비스의 제공도 '최소한'의 기준에서 '최상'의 기준으로 발전하여 주민의 건강을 제대로 돌볼 수 있는 수준으로 향상되어야 한다. 그러려면 지역사회 의료 수준을 최고 수준으로 높이고 이를 기반으로 의원부터 최상급 병원까지 역할을 분담하여 의료서비스를 제공하는 수평적인 의료협력체계로 변화해야 한다. 또한, 정밀한 맞춤형 의료를 일상적인 의료서비스를 통해서도 쉽게 실현할 수 있도록 의료 플랫폼을 만들어 보급할 필요가 있다. 무엇보다 사람들이 건강하게 생활할 수 있고 형평성 있게 의료서비스를 제공받는 방향으로 미래 도시의 의료 체계 기반을 선진화시켜서 스마트 건강 도시를 만들어가야 한다.

도시에 사는 사람들이 활력 있는 생활을 하는 데 필요한 또 하나의 핵심 요소는 '돌봄'이다. 안전함을 느끼고 인적 교류를 하고 도움을 주고받는 관계, 즉 사회적 시스템에서 나오는 돌봄이 건강한 생활을 꾸려나가는 데 매우 중요한 요소다. 더욱이 노인 인구가 급격하게 늘어나고 있는 지금, 돌봄의 체계를 도시 안에 갖추지 못하면 건강한 도시가 될 수 없다. 그렇게 돌봄 체계가 갖춰진 미래 도시가 만들어진다면, 노인이나 장애인과 같은 취약계층을 포함한 모든 사람들이 사회의 일원으로서 공정하게 의료혜택을 받을 수 있게 되고, 이러한 변화를 통해 사회는 더욱 살기 좋고 또 지속 가능해질 수 있을 것이다.

앞으로 도시는 인류의 대부분이 삶을 영위하는 장소가 될 곳이다. 따라서 도시를 건강하게 만드는 것이 미래사회의 핵심적 과제다. 도시 공동체는 생활을 영위할 거주지 이상을 의미한다. 도시는 독특한 역사와 다양한 연령, 배경, 재능을 가진 사람들이 모여서 공통의 관심을 바탕으로 견고한 사회적 네트워크를 형성해나가는 곳이며, 그곳으로부터 사람들은 일과 휴식, 건강과 안전, 문화 생활, 그리고 적절한 주택에 대한 기회를 얻는다. 잘 만들어진 도시에서는 생명력이 있는 삶의 방식, 말하자면 자발적이고 기동성과 융통성이 있고, 쾌활하며, 무엇보다도 열려 있는 삶의 방식을 가질 수 있다. 이렇게 만들어가는 도시는 일상생활에 생기가 넘치고, 정의와 생태적 균형이 실현되는 조건이 될 것이며 진정으로 건강한 신문명 도시의 기반이 될 것이다.

오늘날은 사람과 사람의 직접적인 접촉보다 네트워크 상에서의 교류가 더 활발하게 이루어지고 있는 것을 볼 수 있다. 코로나 19 팬데믹은 이러한 추세를 가속화시켰을 뿐만 아니라 이 변화를 돌이킬 수 없는 추세로 만들었다. 사실 20세기 말부터 네트워크를 기반으로 하는 다국적 기업의 생산량은 전 세계 민간 생산량의 3분의 1을 뛰어넘고 있었다. 더 이상은 대도시를 중심으로 한 장소 기반의 생산방식은 경제 성장의 주된 원동력이 아니라는 것을 의미한다. 이제는 네트워크 시대인 것이다.

이러한 변화를 감안한다면 앞으로는 거대도시가 더욱 확장되고 사람들이 대도시로 몰리는 추세가 바뀔 것이다. 미래에는 물리적으로 집적화되어 있는 거대도시를 줄이고, 거리가 떨어져 있는 곳도 정보통신 기반의 네트워크로 서로 연결되어 생활의 불편함이 없어지는 방향으로 도시가 발전할 것이다. 따라서 도시의 행정 서비스나 교육뿐 아니라 의료에 있어서도 거리의 접근 제한성을 줄이는 방안이 필요해진다. 도시 크기에 대한 변화 추세, 네트워크로 인한 거리 제한성의 감소, 그리고 고밀도 혼합 도시로의 개발 방향 등을 감안하면 미래의 도시는 중소도시 규모이면서 다양하고 밀집된 형태로 만들어지는 것이 바람직할 것이다.

1986년 세계보건기구는 오타와헌장에서 "양호한 건강은 사회적, 경제적, 그리고 개인적 발전과 삶의 질에 중요한 핵심 자원이다"라고 하였다. 건강이 사회생활의 중심 기반이 되어야 한다는 것이다. 건강은 개인 생활 습관, 생활환경, 그리고 의료서비스의 3요소에 의해 결정된다. 따라서 건강에 대한 책임을 개인에게만 돌릴 수 없다. 모두가 건강하게 누릴 수 있는 도시환경을 만들기 위한 투자와 노력이 필요한 것이다. 그렇기 때문에 도시를 계획할 때 자족적인 중소도시 중심으로 지속 가능성을 염두에 두고 교통, 에너지, 대기오염, 수변과 녹지, 건물의 공간 배치 등 건강에 좋은 영향을 미치도록 도시환경을 계획해야 한다. 이렇게 건강을 중심으로 계획된 도시가 한편으로는 정보통신기술을 활용한 스마트 도시로 계획된다면 스마트 건강 도시가 될 수 있다.

스마트 건강 도시에 적합한 의료 시스템은 디지털 분산형 의료라고 할 수 있다. 이는 수직적인 의료전달체계와 달리 수평적이고 분산적인 의료협력체계를 이루는 기술적 기반이다. 디지털 기반의 분산형 의료는 코로나 19가 우리에게 준 교훈이라고도 할 수 있다. 의료자원의 집중이 가져오는 문제점이 드러났을 뿐 아니라 제한된 의료자원을 효율적으로 활용하기 위한 방안이 시급히 요구되고 있기 때문이다. 이 교훈을 실현하기 위해서는 질병을 예방하고 건강수명을 늘리고 건강한 사회를 위한 의료 시스템으로 전면적인 개편에 나서야 한다. 디지털 기반 분산형 의료를 도입하기 위해서는 제도적으로 개선해야 할 것들이 많다. 따라서 또 다른 위기가 닥치기 전에 새로운 의료 시스템을 준비해야 할 때다. 이제는 건강하지 않은 상태에서 건강한 상태가 되도록 하는 서비스를 넘어서 더 건강하게 하거나 아프지 않게 하는 새로운 패러다임의 서비스가 필요하다. 고령화에 의한 노인성 질환 증가, 생활 습관에 따른 만성질환 증가, 지역사회에서의 정신질환 증가, 그리고 팬데믹과 같은 대규모 감염병의 위기 상황에서 디지털 기술을 활용한 분산형 의료는 새로운 의료의 기반이 될 수 있다. 따라서 디지털 기술을 적극적으로 활용하여 의료 시스템을 분산형으로 재편해야 할 시점이다.

분산형 의료의 예를 들어보자. 코로나 19 바이러스 감염은 많은 경우 경증으로 분류되지만, 중증으로 진행된 기저질환자나 노인들의 경우에는 급속도로 증상이 악화되고 다발성 장기부전으로 사망에 이르는 경과를 보였다. 이 경우 대상자를 위험도에 따라 신속하게 분류하고 위험도가 높은 사람들이 적기에 치료받을 수 있도록 의료기관과 서비스를 연계하는 것이 매우 중요하다. 유럽과 미국의 경우 디지털 기반의 분산 의료 시스템을 통해 정기적인 일상 진료를 원격의료로 전환함으로써 제한된 병원 자원을 급성 또는 중증 환자에게 집중할 수 있었다. 코로나 19 감염환자가 폭증한 경우에도 대부분 의료체계의 붕괴로 이어지지 않았던 중요한 이유다.

한편 병원들 간에 의료자원에 대한 정보가 공유되지 않으면 이러한 상황에서 병상 이용의 효율성이 크게 떨어지고 환자는 적절한 치료를 받지 못하여 사망할 수도 있다. 예를 들어 병원 간 정보 공유가 되지 않으면 산소마스크 정도면 충분히 치료할 수 있는 환자가 인공호흡기가 있는 중환자실을 차지해 정작 인공호흡기가 필요한 환자는 중환자실에서 치료받을 수 없는 상황이 생길 수 있다. 분산 의료를 기반으로 하는 정보 공유가 가능하면 원거리에 있는 환자용 병동에서 상급종합병원의 전문의가 원격 멘토링 등으로 환자를 관리할 수도 있다. 이런 분산 의료 시스템이 도입되면 제한된 병상으로 효율적인 중환자 관리가 가능하다. 사실 코로나19 팬데믹 상황만이 아니라 일상적으로 적용되면 대형 병원은 중환자실 병상 관리에 여력이 생기게 되고 중소 병원은 병상 활용을 늘릴 수 있다. 환자에 대한 종합적인 정보를 공유함으로써 재실 기간과 사망률을 낮추고, 의료자원이 효과적으로 활용되는 것이다.

이와 같이 중앙집중형 의료 시스템에서 분산형 의료 시스템으로의 전환을 모색해야 한다. 이를 위해서는 개인의 일상적 모니터링, 분산된 의료시설, 전문화된 병원이 긴밀하게 연계된 의료 시스템이 요구된다. 집과 같은 일상생활 공간에서 건강이 모니터링되고, 건강상의 조치가 필요할 경우 동네에 있는 분산 의료시설인 일차 의료기관에서 주치의의 지시와 처방을 받고, 주치의의 판단에 따라 필요하면 전문 병원에 의해 관리되거나, 응급이나 중증인 경우 대형 병원에 연계해서 치료하는 시스템이 필요하다. 일상적으로 건강을 모니터링하는 시스템이 갖추어지면 특정 질병이 발생하거나 감염병이 발생하는 것을 조기에 감지하여 확산을 막고 적절히 치료할 수 있다.

분산형 의료가 이루어지기 위해서는 의료정보의 공유가 원활히 일어날 수 있는 의료 플랫폼이 있어야 한다. 분산형 의료의 특징은 협업이기 때문에 협업이 가능할 수 있도록 지역사회의 일차 의료부터 상급종합병원에 이르기까지 의료인력의 역량이 상당한 수준에 이르러야 한다. 즉 일차 의료의 역량 강화가 필수적이다. 이러한 역량 강화를 위해서는 지역사회에서 의료 돌봄의 체계 안에서 주치의가 시민의 건강을 지속적으로 모니터링할 수 있는 체계, 방대한 양의 정보를 수집하고 분석하여 의사결정을 지원하는 인공지능과 의료정보 클라우드, 그리고 환자에 대한 처방과 치료에 대한 대학병원 수준의 가이드라인 공유가 있어야 한다.

이러한 분산형 의료가 작동하기 위한 조건으로 일차의료 역량 강화를 위한 의료자원의 공유체계를 만들어 일차 의료 수준에서도 대학병원 수준의 진료를 충분히 할 수 있는 여건을 만들 필요가 있다. 예를 들어 5만 명 인구 단위로 지역사회 공유의료센터를 두고 여기에서 MRI, CT, 초음파와 같은 고가의 진단장비를 지역사회에서 일차 의료를 담당하는 주치의들이 공유적으로 사용하게 하는 방안을 들 수 있다. 이 센터에서는 주치의에게 의료 플랫폼을 제공하고 주치의와 계약된 환자에 대한 의료 돌봄 서비스에 필요한 자원을 제공한다. 이 센터는 한편으로는 보건소와 연계되어 질병 예방과 보건 활동을 할 수 있고, 또 안과, 정형외과, 산부인과, 정신과와 같은 전문병원이나 상급종합병원과 연계되어 급성기 질환과 중증 질환에 대한 환자 의뢰와 회송체계를 갖출 수 있다.

도시 안에 이러한 의료 시스템을 갖추게 되면 의료는 도시의 다른 부문과 독립된 체계와 기능이 아니라 도시의 하부구조로서 자리를 잡고 시민의 건강을 제대로 돌볼 수 있을 것이다. 이를 위해서는 주치의가 역할을 할 수 있는 제도의 도입과 함께 데이터 수집과 활용이 가능하고 수준 높은 의료서비스를 제공할 수 있는 의료 플랫폼이 반드시 필요하다. 의료 플랫폼은 주치의와 환자를 연결하는 도구의 역할을 하며, 보건소, 약국, 보험, 운동시설, 동호회, 학교, 보육시설 등과도 연계되어 지역사회 돌봄을 연결하는 플랫폼이 될 수도 있다.

미래 도시는 이와 같은 의료 시스템을 갖춘 스마트 건강 도시여야 한다. 건강이 중심이 되지 않은 스마트 도시는 신문명을 이끌어가는 도시일 수 없다. 스마트 도시의 개념이 사물이 자동화되는 도시의 개념에서 시민의 건강이 중심이 되는 활력 있는 도시의 개념으로 바뀌어야 한다. 생산과 소비가 적정한 선에서 이루어지고 생태계를 파괴하지 않도록 하는 지속 가능한 도시, 자족적이고 분산형 시스템을 갖춘 효율적인 도시, 취약 인구를 포용하고 시민들이 참여하는 민주적 도시, 그리고 모든 정책에서 건강이 중심이 되고 이를 뒷받침할 수 있는 돌봄의 체계를 갖춘 도시가 스마트 건강 도시다. 새로운 문명을 이끌어가는 신문명 도시는 교통, 에너지, 상하수도 체계 등 도시 인프라를 분산형으로 새롭게 갖추어갈 뿐 아니라 도시민을 건강하게 만들 수 있는 체계와 프로그램, 즉 스마트 건강 도시를 위한 시스템을 갖춘 도시일 것이다.

지금까지의 문명을 이끌어온 도시는 이제 새로운 방향으로 문명을 이끌어야 할 시점에 이르렀다. 코로나 19 팬데믹은 도시의 거대화와 이러한 도시들이 연결되는 세계화의 방향이 지구라는 생태계와 그 속에 사는 인류의 지속 가능성을 염두에 두고 진행되고 있는지에 의문을 던지고 있다. 이 책에서 이야기하고자 하는 신문명 도시는 SF영화에서 나오는 것처럼 커다란 유리 돔으로 둘러싸인 채 초고층 빌딩들이 서로 연결되어 있고 자동차들이 날아다니며 모든 것이 자동화된 도시가 아니다. 올더스 헉슬리Aldous Huxley의《멋진 신세계》, 즉 인간의 생각과 자유가 통제되고 심지어 기계적으로 인간을 생산해내는 도시는 더욱 아니다. 미래 도시는 자동화된 기계로 가득한 공간 속에서 인간이 부속품처럼 사는 곳이 아니라 적극적인 참여자로서 안전하고 건강하게 살며 번성하는 곳이어야 한다.

신문명 도시는 지금까지 문명을 이끌어왔던 도시의 문제점을 넘어서서 건강하고 안전하며 활력이 넘치는 도시다. 이 책에서는 문명을 주도해왔던 도시와 그 발전 과정에서 나타났던 질병, 그리고 그 당시에 제공되었던 의료를 중심으로 과거의 역사를 고찰하고 바람직한 미래사회와 건강한 도시를 그려보고자 했다. 이 책은 8개의 장으로 이루어져 있다. 1장에서 4장까지는 문명을 이끌었던 도시, 그리고 전염병과 만성질환을 다루고 있고, 5장부터 8장까지는 변화하는 삶의 조건과 지속 가능한 건강한 도시를 다루었다.

1장
도시의 탄생,
질병의 전파

도시의 탄생,
질병의 전파

최초의 도시였던 우루크

수렵채집 시기에는 먹을거리를 얻기 위해서 계절이나 거주지 주변의 환경을 잘 이용해야 했다. 아직은 일정한 지역에 정착해서 농작물을 기를 수 있는 조건이 형성되지 않았기 때문에 가족을 부양하기 위해서는 넓은 땅 곳곳을 돌아다니며 열매를 채집하거나 동물을 사냥해야 했기 때문이다. 하지만, 농사를 짓거나 목축을 시작하면서 훨씬 적은 땅으로도 생활할 수 있었고, 따라서 사람들이 일정한 장소에 모여 살 수 있게 되었다. 농작물이나 목축에서 나오는 생산량을 어느 정도 예측할 수 있었기 때문이다. 정착 생활은 이동 생활에 비하여 출산과 육아를 하기에도 편했기 때문에 농경사회로 전환한 이후에는 인구도 조금씩 늘어났다. 이러한 변화를 통해 더욱 많은 사람들이 일정한 지역에 모여 살 수 있게 되었고, 일시적인 공동 주거가 아닌 영구적으로 정착촌을 형성하는 경우들이 생겼다.

이로써 인간이 환경을 지배하고 공동체를 만들어 사는 새로운 시대, 즉 문명 시대가 열렸다. 문명은 이와 같이 농경과 목축을 시작하면서, 그리고 공동체를 만들 수 있는 자원이 축적되면서 성립되었던 것이다. 그리고 문명 시대가 탄생한 이후에도 초기 공동체의 모습을 유지하는 것보다는 끊임없이 변화를 추구해 왔다. 이후 물이나 토지 등 주변 환경을 보다 원활하게 다룰 수 있는 기술이 만들어지고, 복잡한 공동체를 유지하고 발전시키는 데 필요한 정신적 사고 또한 정교해져 갔다. 한편으로는 사회 조직이 변화하고 인구가 증가하는 등 문명의 발전에 필요한 여러 요소들도 빠르게 갖추어나갔다.

문명 전의 수렵채집 시대에서 문명 시대로 도약적인 발전을 이룰 수 있었던 이유는 오랜 수렵채집 시기에 걸쳐서 쌓아왔던 문화적 잠재성, 예를 들어 언어와 의사소통, 협동과 경쟁, 그리고 도구의 사용 같은 기반이 있었기 때문이었다. 또한, 마지막 빙하기가 끝나면서 온난해진 기후의 영향도 결코 무시할 수 없다. 날씨가 따뜻해지면서 작물이 잘 자랄 수 있는 조건이 갖추어졌기 때문이다. 결국, 문명은 새로운 삶의 조건이 만들어지면서 그동안 쌓아왔던 잠재적 능력을 발휘하여 얻은 인간의 창조적 결과물이라고 할 수 있다.

문명 시대로 들어선 이후, 발전의 기반이 되는 잉여농산물을 본격적으로 생산하기 시작했다. 이러한 잉여생산물이 있었기에 농산물을 생산하는 대신에 창조적인 활동을 하는 사람들이 생겨났고, 이들이 문자와 기념비적 건물, 그리고 도시를 만들 수 있었다. 이는 문명 이전 시대와는 확연한 차이를 보인다. 물론 수렵채집 시기에도 먹거리가 풍족했던 때가 없었던 것은 아니지만 잉여 자원을 기반으로 공동체의 발전을 이루지는 못했기 때문이다.[1]

인류 최초의 문명이었던 메소포타미아 문명은 티그리스강과 유프라테스강 사이에서 곡물 농사를 기반으로 시작되었다. 사실 문명의 시작이 농업으로부터 시작된 이유는 안정된 먹거리의 확보 없이는 작은 공동체가 도시로 성장할 수 없고, 또 도시는 더 큰 국가 혹은 제국이 될 수 없었기 때문이다. 그리고 어느 정도 크기 이상의 공동체가 만들어지지 않으면 언어나 문자, 건물, 그리고 도시와 같은 문명의 요소들이 나타나기 어렵기 때문이다. 메소포타미아, 이집트, 그리고 그 이후의 그리스와 로마의 문명들, 즉 오늘날의 중동 지역과 지중해 연안에서 나타난 문명들은 '밀'이라는 안정된 농업생산물을 기초로 하고 있다. 따라서 곡물의 안정적인 생산은 문명이 발전하는 데 있어 가장 근본적인 원동력이었다고 할 수 있다.

메소포타미아 문명의 우루크Uruk 시대 초기로 추정되는 기원전 3750년경에 이라크 남쪽 지방에는 인구학적으로, 그리고 기술적·문화적으로 엄청난 변화가 일어났다. 메소포타미아 남부의 크고 작은 마을들이 빠른 속도로 증가하면서 도시의 출현으로 이어진 것이다. 예를 들어 우루크 근교 마을의 행정 지역 단위는 한두 세기 만에 17곳에서 183곳으로 늘어났으며 주민의 수는 열 배나 증가했다. 그리고 이러한 변화는 약 7세기 후 수메르Sumer라는 역사적인 국가의 탄생으로 이어지게 된다. 이러한 변화가 가능했던 근본적인 요인은 정착해서 생활하는 인구가 많아졌기 때문이다. 특히, 농업 생산량이 풍족해질 수 있었던 생태학적 환경이 중요한 역할을 했다. 천 년 전부터 정착해 살던 인구의 자연 증가, 유목 부족이나 반半유목 부족의 점진적인 정착, 그리고 관개 농업으로 생기는 이익에 끌려서 메소포타미아 북부에서 온 이주민 등으로 인구가 크게 증가했던 것이다.[2]

도시는 사람들을 끌어모으는 특별한 힘이 있다. 도시가 형성되자 주변 지역 마을의 주민들도 도시로 이주하게 되고 도시는 점점 더 확대되어갔다. 많은 사람들이 모여 살면서 농경의 규모가 커지게 되었고 이는 잉여농산물을 더 많이 만들 수 있는 기반이 되었으며, 그 결과 재산의 축적이 가능해졌다. 그리고 재산의 소유를 근간으로 하는 계급의 분화와 함께 더 많은 재산과 노예를 얻을 목적으로 약탈을 위한 전쟁도 빈번하게 일어났다. 한편 이러한 전쟁으로부터 생명과 재산을 보호하기 위한 공동체의 다양한 노력도 나타나서, 성벽을 쌓고 요새화된 건축물들이 도시의 중심부에 만들어지곤 했다. 그렇게 형성된 최초의 요새화된 도시가 우루크다. 바빌로니아의 고대 서사시 〈길가메시 서사시〉에 의하면 거대한 성벽으로 둘러싸인 우루크에 필적할 만한 도시는 없었다.[3] 기원전 2900년경 고대 왕조 시대가 시작할 무렵 우루크는 이미 400헥타르에 이르는 도시가 되어 있었다.[4]

도시가 문명을 이끌다

도시가 본격적으로 등장하기 이전인 초기 농경 시대에 이미 이웃들 간에 생명과 재산을 서로 보호할 목적으로 모여서 정착촌을 만들기 시작했는데, 이때에는 돌벽으로 만든 방책을 마을 주변에 둘러 정착지를 보호하는 정도였다. 이 시기에는 아직 마을 내에서 정치적 체계나 권리를 주장하는 이들은 나타나지 않았지만 얼마 지나지 않아 티그리스강과 유프라테스강 유역과 나일강 등지에서 상당한 변화가 빠르게 생겨나기 시작했다. 즉, 거주지가 정착민들의 생명을 보호하는 목적에서 훨씬 더 나아가서 다양한 이해관계와 활동의 기반이 되었을 뿐 아니라 재산의 축적을 이룬 사람들이 나타나기 시작한 것이다. 그리고 정착지 보호의 목적을 넘어서 전문성을 가진 사람들이 서로 필요로 하는 관계에 기반을 둔 도시의 등장으로 이어졌다.[5]

메소포타미아 도시의 주거지를 보면 도시의 초기 모습을 알 수 있다. 대개 원형 가옥에서 시작했지만, 곧 방이 여러 개인 직사각형 가옥이 만들어지면서 원형 가옥을 대체하게 되었고, 이러한 가옥들이 모여 상당히 큰 규모의 마을을 형성했다. 초기에는 손으로 압착한 진흙으로 집을 지었지만, 나중에는 진흙에 짚을 섞어서 벽돌을 주조하여 태양에 말린 다음 회반죽을 이용해 붙이는 방법을 사용했다. 벽돌을 가마에 구우면 내구성과 방수성을 향상시킬 수 있었지만, 그러려면 목재를 사용해 불을 피워야 하므로 구운 벽돌은 가격이 비싸서 쉽게 사용할 수 없었다. 사막 지역에서 목재를 얻는다는 것은 아주 어려운 일이었기 때문이다. 그래서 벽돌은 신전과 왕궁의 일부분, 특히 '하늘과 땅을 이어주는 집'이라는 의미의 지구라트ziggurat 같은 건물에 제한적으로 사용됐다.[6]

한편 구약의 창세기에 나오는 바벨탑은 바빌론 시대의 지구라트를 말하는 것일 가능성이 크다. 지구라트는 돌과 진흙 대신 벽돌로 지음으로써 다른 건물보다 훨씬 크고 높게 지을 수 있었다. 성경에 보면 '꼭대기가 하늘까지 닿는 탑을 세워 이름을 날리자(창세기 11:4)'라고 하는 바벨탑 건축의 목적이 나온다. 하나님이 바벨탑 사람들에게 서로 다른 언어를 사용하게 만들어서 대화가 안 되도록 했고 이러한 혼동으로 인해 사람들이 세계 각지로 흩어졌다고 기록되어 있다. 사실 오늘날에도 도시의 중앙에 있는 높은 건축물은 여러 지역의 사람들이 모이는 장소다. 아마도 바벨탑은 주변 지역으로부터 여러 언어를 쓰는 사람들이 모여들었던 장소였을 것이다. 한편 많은 사람들이 모이면서 오늘날의 기준으로는 성적 문란으로 보일 수 있는 현상도 나타났다. 바벨탑에 있는 많은 방들에는 풍요와 다산의 신인 담무스Tammuz에게 발가벗은 상태로 노래를 바치면서 남자들에게 구애하여 성관계를 맺으려는 여인들이 있었다. 이들은 이를 통하여 신의 선물인 임신을 꾀했지만 한편으로는 창부의 출현이라고도 볼 수 있다.[7] 도시는 이와 같이 쾌락과 향연이라는 문화의 탄생과도 깊은 관계가 있다.

한편 이집트가 문명으로 발전하기 전, 나일강 근방의 유목민들은 뜨겁고 건조한 환경 때문에 나일강을 따라 정착하게 되었는데, 이집트 역시 궁극적으로는 농업에 기반을 둔 문명으로 발전해갔다. 사실 이집트가 위치한 북부 아프리카는 황량하고 척박한 지역이다. 오직 아비시니아Abyssinia 고원의 눈이 녹은 물과 적도 지방의 비를 가득 담은 나일강만이 사막에 생명을 가져오고 유지할 수 있었다. 나일강은 6월 중순이면 강물의 수위가 높아져서 이 상태가 4개월가량 지속되다가 10월이면 강물이 줄고 땅이 건조해졌다.[8] 강 주변에 살던 이들은 이러한 나일강의 조건을 잘 이용해야만 했다. 그래서 매우 건조한 기후를 배경으로 모래흙을 이용한 농경을 하기 위하여 나일강을 기반으로 한 관개 시스템을 발명했다. 저수지, 운하 및 도랑을 만들었고 여기에 많은 사람들이 동원되었다. 한편 대규모 관개 시스템을 건설하기 위해서는 주민들을 대규모로 동원할 수 있는 권력이 필요했을 것이다. 이러한 필요성에 의하여 이집트는 왕을 중심으로 한 국가 체계를 일찍부터 공고히 할 수 있었다. 결국, 이집트는 나일강에 의하여 만들어진 나라라고 할 수 있다. 그리스 역사학자 헤로도토스Herodotos가 말했듯이 이집트는 '나일강의 선물'이었던 것이다. 그러나 이집트 문명은 나일강에 지나치게 의존적이어서 특정 지역을 중심으로 도시화 되었을 뿐 이를 기반으로 국가가 발전하는 전략을 갖지는 못했다. 그보다는 나일강을 따라 길게 형성되는 독특한 양상을 띠었다.⁹

고대 이집트, 선사시대의 나일강은 600마일에 이르는 습지였는데 삼각주를 제외하면 습지의 너비가 몇 마일밖에 되지 않는다. 매년 나타났던 강의 주기적인 범람은 퇴적층을 기반으로 한 농업 중심의 경제를 만든 기본적 메커니즘이었고, 강 유역 사람들의 삶의 리듬은 여기에 맞춰졌다고 할 수 있다. 매년 퇴적되는 진흙에서 농경이 뿌리내리기 시작했지만 강의 범람으로 인해 공동체 초기는 불안정할 수밖에 없었다. 또한, 많은 이들의 삶의 터전이 강이 범람하면서 쓸려나가곤 했다. 실제 현존하는 유물은 대부분 강이 범람하는 지역의 가장자리에 살았거나 암석 지대 또는 골짜기 지대에 살았던 사람들이 만들고 사용했던 것들이다.¹⁰

이집트는 문명 이전의 단계로부터 넓은 지역을 다스리는 통치 체제 단계로 비교적 쉽게 변화했지만 이러한 제한적인 농경의 조건으로 인하여 도시가 크고 활발하게 발전하지는 못했다. 그 결과 이집트는 메소포타미아보다 700년 앞서 안정적인 정치적 체계를 이루었음에도 후대에 이르러서는 제한적인 형태의 도시만이 남게 되었다. 또한, 이집트의 군사력과 경제력은 강력했고, 그 화려한 문명은 오랜 기간 지속되었음에도 불구하고 외부에 성공적으로 퍼져나가지는 못했다. 이는 아마도 아프리카 북부라는 지형적 위치 때문이겠지만 이집트 문명이 나일강이라는 특수한 환경에 의존하는 정도가 커서 도시화가 제한되었기 때문일 수도 있다. 이러한 특수성 때문에 이집트 문명이 아무리 우수하더라도 다른 지역에서 이집트 문명을 본받기는 어려웠을 것이다.

인더스 문명 역시 강 유역에 정착하면서 발전했다. 라비강 둑에 있는 하라파Harappā와 인더스강 둑에 있는 모헨조다로Mohenjo Daro 등이 인더스 문명의 번영을 보여주는 전형적인 예다. 기원전 3000년대 중반부터 인도에는 메소포타미아와 이집트 못지않게 화려하고 오랫동안 지속되었던 전통문화의 기초가 마련되어갔다.[11] 예를 들어 기원전 2600년 무렵에 하라파 문명은 고도로 조직적이고 문화적으로 통합된 형태로 인도의 북서부 지역에서 생겨났다. 토지가 비옥하고 기후가 농경에 적합했기 때문에 비교적 독립적이었던 농업 공동체들은 성공적인 식량 생산을 바탕으로 하여 풍부한 인구와 훌륭한 건축물을 갖춘, 크고 잘 계획된 도시로 발전해나갔다.[12]

한편 동아시아 지역의 농업혁명은 중국에서 7,500년 전에 시작되었다. 황화와 양쯔강의 기름진 토사가 덮인 강 유역은 농업을 발전시킬 수 있는 매우 좋은 조건을 이루고 있었다. 농민들은 양쯔강 하류 지역을 따라 벼를 재배하기 시작했고, 이러한 농사법은 점차 내륙과 북쪽으로 확산되었다. 더 북쪽에서는 황하를 따라 수수를 키우기 시작했는데, 중국의 초기 문명은 황하를 따라 만들어진 농경지를 중심으로 나타난 것이다. 기원전 약 2100년경에 세워진 하 왕조는 최초의 중국 왕조였고 하 왕조를 이끈 왕은 홍수 조절과 관개 사업을 통해 황하와 그 지류를 길들여 정착지가 성장할 수 있도록 했다.

기원전 1700년에는 하 왕조가 무너지고 상 왕조가 세워지면서 도시들을 건설하기 시작했다.[13] 가장 오래되고 중요한 상 왕조의 도시들 중에는 수도였던 안양이 있다. 상 왕조는 왕가를 보호하기 위해 안양을 거대한 흙벽으로 둘러쌌다.[14] 안양의 건축물은 주로 나무로 지어졌는데 상류층은 진흙과 짚으로 만든 벽이 있는 목재 골조 주택에서 살았고 또 집들이 성 안에 위치했지만, 농민들과 공예 기술자들은 성 밖에 오두막을 짓고 살았다. 사회 계급이 귀족과 평민으로 나누어져 있었고 성을 경계로 하여 사는 주택과 지역이 달랐던 것이다.

한편 기원전 1000년이 끝나갈 무렵에는 멕시코와 중앙아메리카 북서부를 아우르는 이른바 메소아메리카에, 고원지대의 호숫가에 세워진 도시인 테오티우아칸Teotihuacán이 등장했다.[15] 도시화의 물결이 지구 전체로 퍼져나가면서 마침내 모든 대륙에 도시가 생겨난 것이다. 여러 문명의 역사를 돌아보면 성공적이고 오랫동안 지속된 문명의 중심지에는 대부분 강 유역에 발달한 도시가 있었다. 강 유역을 중심으로 하지 않고 발달한 문명도 일부 있었으나 문명이 번성하기 위해서는 강 유역이나 호숫가 같은 물이 풍부한 지리적 환경, 즉 대개 농산물 생산이 풍부하여 농경으로 인한 잉여물이 산출될 수 있는 여건이 필요했다.[16] 그리고 그 중심에는 도시가 있어서 정치, 경제, 예술, 과학과 의학 등의 체계를 갖추면서 문명의 발전과 확산을 이끌어갔던 것을 알 수 있다. 이러한 조건을 충분히 갖추지 못했던 문명은 일시적으로 융성했던 시기가 있더라도 지속적인 발전을 하기는 어렵다.

최초의 도시들이 발전하다

기원전 2900년경 고대 왕조 시대가 처음 시작될 무렵 우루크의 면적은 400헥타르였다. 1헥타르가 3,000평이 좀 넘으므로 100만 평이 넘는 면적인 것이다. 이를 근거로 도시의 규모를 어림잡아볼때, 5만 명 혹은 그 이상이 살았을 것으로 짐작할 수 있다. 대규모 경작을 위해서는 관개수, 즉 농경에 필요한 물을 얻기 위한 집단 노동력이 필요했고, 또 관개수를 공정하게 배분하기 위해서는 그에 합당한 권한을 가진 이가 필요했을 것이다. 따라서 전통적으로 지도층이었던 고위직 사제의 책임이 이전보다 더욱 커졌고 권위 역시 강화되었다. 또한, 도시가 요새화되고 영토의 경계도 좀 더 분명해졌다. '신들의 대리인'인 군주를 중심으로 사제, 서기관, 건축가, 예술가, 관리, 장인, 군인, 그리고 농부 등 다양한 사람들이 나타났고, 이를 기반으로 다원적이고 구조적이며 상당히 계층화된 사회를 형성했다. 이렇게 해서 수메르라는 최초의 국가가 탄생하게 되었다.[17]

인더스 문명의 대표적인 두 개 도시, 하라파와 모헨조다로에는 각각 3만 명 이상이 살았다. 따라서 이러한 규모의 인구를 유지할 수 있을 정도로 농업이 발전했던 것으로 생각된다. 하라파와 모헨조다로는 오늘날의 기준으로도 상당히 발전된 모습이다. 건축물들은 일관성이 있으면서도 단순하지 않은 모습이어서, 상당한 수준의 행정 및 조직력을 갖추고 있었음을 엿볼 수 있다. 두 도시는 모두 요새와 주거 지역으로 나누어져 있었고, 주택들은 격자 형태로 배열되었으며, 표준 크기의 벽돌로 지어졌다. 정교하고 효과적으로 만들어진 배수 체계와 주택 내부 구조를 보면 목욕과 청결에 매우 신경 썼음을 알 수 있다. 예를 들어 하라파의 일부 거리에는 모든 집에 화장실이 하나씩 있었다. 아마도 청결함이 건강한 삶과 밀접하게 연결되어 있다고 생각한 것 같다.

중국에서 도시가 본격적으로 발전한 것은 상 왕조 이후다. 상 왕조는 메소포타미아 동쪽 지역에서 진정한 문자 문화를 이룬 최초의 왕조라고 할 수 있다. 예를 들어, 서기관과 문서 보관 담당자 같은 별도의 직책이 있었다. 상 왕조는 표준화된 통화를 사용할 만 큰 경제가 발전했을 뿐 아니라 왕권의 영향력 또한 이전보다 커졌다. 요새와 도시 건설에 동원된 거대한 노동력이 이를 입증한다. 한편, 상 왕조를 대체한 주 왕조가 들어섰을 때는 대형 성벽 및 성곽과 함께, 귀족들이 거주하던 공간 및 거대한 건축물이 세워졌다. 오늘날의 허난성에 위치한 수도인 정저우는 각 변이 3km가 넘는 직사각형 모양의 흙벽으로 둘러싸여 있다. 이를 통해 도시의 규모가 커지고 통치체제도 강화된 것으로 해석해볼 수 있다.[18]

이렇게 나타난 도시들은 지역적 특성, 즉 강수량과 기온, 그리고 건축 재료에 따라서 다양한 모습으로 형성되었지만 문명 초기의 농경 정착지와는 구별되는 몇 가지 특성이 있다.[19] 예를 들어 도시를 방어하기 위한 상당한 크기의 방어 구조물이 있고, 일정하게 규칙적으로 설계된 건축물들의 블록과 거리가 있었으며, 자갈길, 우물, 배수시설 등과 같은 공동 편의시설 등이 존재했다. 그리고 대부분 제사를 지내는 사당이나 신전과 같이 종교의식을 행하는 건축물이 중앙에 자리 잡고 있었다.[20] 이러한 최초의 도시들은 과거의 정착촌과는 규모 면에서 비교할 수 없는 커다란 정착지를 이룬 것이다. 도시들이 이와 같이 발전할 수 있었던 가장 중요한 이유는 인구가 안정적으로 정착하기 위한 식량 생산과 운송, 그리고 보존 기술이 뒷받침했기 때문이다. 이렇게 규모가 큰 정착지에 사람들이 모여 살게 되면서 그들은 지형학, 지질학, 천문학, 동물학, 그리고 식물학 등에서 괄목할 만한 과학적 지식을 갖추어 갔다. 또한, 농업, 야금술, 건축 등 실용적 기술도 축적했다. 물론 공동체를 하나로 엮는 역할을 한 주술적 신앙이 중요했던 것도 사실이다. 이렇게 도시 안에서 발전한 과학, 기술, 신앙 등은 교역과 이주를 통하여 광범위하게 주변 지역으로 퍼져나갔다.[21] 도시가 문명을 이끄는 역할을 본격적으로 하게 된 것이다.

도시의 체계를 갖추다

농경 시대 초기의 농부들도 정착지에 모여 살았지만 관개시설이 없었기 때문에 큰 규모로 농사를 지을 수 없었다. 농경에 필요한 물 공급이 제한되면 농작물의 생산성을 늘리기 어려우므로 늘어나는 인구를 먹여 살릴 수 없었기 때문이다. 따라서 농경 시대 초기에는 인구가 증가하기 어려웠다. 설혹 인구가 증가하여도 증가한 인구를 계속 수용할 수 있는 정착지가 없었기 때문에 사람들이 한곳에 계속 머무르는 것이 아니라 정착지를 옮겨 자주 이동을 해야 했다. 이러한 인구 이동은 정착지의 규모를 키우기보다는 정착지의 수가 늘어나는 결과로 이어졌다고 할 수 있다.[22]

도시와 같은 규모의 정착지가 가능해지려면 관개시설 등 농작물의 생산성을 높일 수 있는 기반이 필요하다. 그리고 도시 인구의 증가는 식수 및 농업용수에 대한 수요를 증가시키기 때문에 수원을 적극적으로 찾아서 물 수요를 감당할 수 있어야만 인구 증가가 가능하다. 따라서 관개시설을 통해 물을 충분히 확보해야 도시 인구가 증가할 수 있었다.[23] 관개시설은 비단 농작물 생산을 높이기 위해서만 필요했던 것이 아니라 도시 인구의 증가를 위해 필수적이었다.

한편 농업 생산의 증가는 인구 증가를 가져왔을 뿐 아니라 잉여생산물도 발생시켰다. 새로운 경제 체계는 자신과 가족이 필요로 하는 양보다 더 많은 식량을 생산할 수 있는 여건을 제공했고, 이는 정기적으로 사회적 잉여생산물이 생산되는 기초가 되었다. 대부분의 노동은 토지에 의존하여 농민 각각이 개별적으로, 혹은 가족 단위로 수행한 것이지만, 공동체 전체로 보면 관개시설을 이용한 집단적 노동이라고 할 수 있다. 이러한 집단 노동은 공동체 전체에 이익을 주었고, 한 개인의 능력을 단순하게 합친 것을 넘는 결과를 가져왔다. 실제로 집단적으로 동원되어 관개시설을 만드는 노동도 있었으며 이러한 집단 노동을 시행하기 위해서는 잉여 식량을 확보해야만 했고, 그 처분 권한 역시 필요했다. 예를 들어 배수로 개설과 제방의 축조에는 대규모의 노동력이 필요하고, 동원된 노동자들에게 식사를 제공해야만 한다. 그런데 공사에 동원된 노동자는 그들의 식량을 직접 생산할 수 없으므로 이들에게 식사를 제공할 수 있도록 잉여 식량의 비축이 필요하다. 따라서 잉여 식량은 도시가 성장하는 데 필요한 선결 조건이었다고 할 수 있다.[24]

또한, 잉여생산물로 생긴 부의 창출은 과거와는 다르게, 도시의 문명화된 삶의 특성을 끌어내는 역할도 했다. 종교 또한, 단순한 주술적 신앙에서 더욱 체계적인 구조와 내용을 갖춘 형태로 발전하면서 사제 계층이 출현했고, 권위를 표현하기 위한 거대한 건물 축조도 가능해졌다. 농수로와 제방과 같은 관개시설을 유지하기 위해서 도시 공동체는 통제를 강화했고, 이러한 통제는 권위체계를 확립해가면서 공동체를 통합하는 데 효과적인 수단으로 쓰였다. 또한, 철을 비롯한 금속 제조, 쟁기와 같은 중요한 발명품들이 탄생하면서 생산성을 더욱 높일 수 있었다.[25]

농업생산의 안정적 기반은 법적·정치적·경제적 체계뿐 아니라 문자와 문학의 발달로 이어졌다. 문자 체계의 유무는 사회질서의 주요한 변화를 초래하는 데 결정적인 요소라고 할 수 있다. 대표적으로 중국의 갑골문자甲骨文字, 메소포타미아의 쐐기문자가 중요한 역할을 했다. 갑골문자나 쐐기문자는 기원전 3000년 정도부터 사용된 것으로 알려져 있으며, 이 위대한 발명은 문명이 급격히 발전할 수 있는 기반을 제공했다. 이렇게 축적된 문화적 역량은 점진적으로 도시를 중심으로 중앙화하고, 법과 제도를 갖추어가면서 권위적인 질서를 만들어 사회를 변화시키는 효율적인 도구로 작동하기 시작했다.[26]

도시가 발전하는 데 필요했던 또 다른 중요한 요소는 운송수단이었다. 대다수의 농경사회는 새롭게 등장한 발명품들을 직접 생산할 수 없었기 때문에 교역이 필요했다. 예를 들어 구리와 같은 금속을 만들기 위해서는 광석을 수입해야 했고, 광석으로부터 금속을 직접 만들어낼 수 없었던 경우는 잉여 식량과 맞바꾸는 교환을 통하여 구리와 같은 금속을 획득해야만 했다. 그런데 교역의 과정을 좀 더 원활하게 하기 위해서는 수송수단의 개선이 선결되어야 했다. 이를 해결하기 위해서 가축의 힘을 이용한 축력과 바람의 힘을 이용한 풍력, 즉 바퀴와 배를 이용한 운송수단이 사용되었고, 이 역시 도시혁명을 이끄는 원동력이 되었다.[27] 특히 바퀴의 발명과 바퀴 달린 운송수단은 당시 목공 기술이 이룬 최고의 업적이라고 할 수 있다.

기원전 3400년에서 3000년 사이에 등장한 바퀴 달린 운송 및 교통 수단의 사회적·경제적 중요성은 매우 크다. 바퀴 달린 수레가 발명되기 전에는 통나무를 엮어서 만든 배나 많은 사람들의 육체노동으로 무거운 물체를 옮겼다. 그런데 수레는 사람의 노동을 통해 운반했던 부담을 동물과 기계로 이전시켰다는 점에서 획기적인 발명품이었다.[28] 바퀴 달린 수레와 동물을 이용하여 물품을 공급할 수 있게 되면서 생산성은 더욱 향상되었다. 이러한 과정을 통하여 고대문명 최초의 도시들은 문명 초기의 마을보다 10배 이상 큰 정착지를 형성할 수 있었다.[29]

발전은 더욱 가속하여 장거리 교역, 금속 사용 증가, 예술의 발전이 촉진되었다. 그리고 인구의 일부가 전문적인 일에 종사할 수 있는 기회와 여건이 마련되었는데, 특히 상업, 수공업, 자산관리 등에서 전문화가 이루어졌다. 전문인들은 도시 안에 살았고, 사제들이 주축을 이루는 지도층 주변으로 모여들었다.[30] 전문화는 한편으로 계급을 만들어내는 역할을 했다. 이렇게 계급사회가 되어가면서 도시를 중심으로 국가의 틀을 점차 갖추어갔다.

계급과 직업이 탄생하다

기원전 3000년 무렵부터는 식량 생산의 업무에서 벗어난 군주, 성직자, 군인, 전문기술자 등 전문직을 가진 구성원이 본격적으로 출현하기 시작했다. 이 시기에 주로 발견되는 유물을 관찰해보면 더 이상 농업, 사냥, 가내 수공업 등과 관련된 것들이 아니다. 도시의 숙련된 장인들이 만든 보석, 무기, 가구 등이 주된 유물이다. 유적이 주로 발견되는 장소도 오두막이나 농가 대신 무덤, 신전, 작업장 등으로, 그 이전의 생활상과 많이 달라졌음을 알 수 있다.

농업 생산성이 커지고 이전보다 생활 수준이 높아지면서 물품에 대한 수요도 증가했다. 잉여 생산을 바탕으로 하여 이러한 수요를 충족시키기 위한 재화가 마련되었고, 이제 자급자족적 경제 대신에 새로운 경제 체제가 자리를 잡아갈 수 있게 되었다. 경작을 통해 얻은 잉여생산물은 외국산 물품을 구매하는 데도 사용되기 시작했다. 그리고 이런 새로운 경제 체제를 가동하기 위해서는, 원자재 교역을 맡은 상인 집단과 값비싼 원자재의 가공에 필요한 전문 장인 집단을 부양할 수 있어야 했다. 또한, 교역에 나선 상인과 상선을 보호하기 위해서는 무력을 갖춘 군인, 그리고 복잡한 교역 관련 기록을 담당하는 서기, 또 교역을 둘러싼 갈등을 조절하기 위한 관료들의 유지와 부양도 필요했다.

이처럼 메소포타미아 지역에서 출현한 새로운 도시 공동체는 조직화된 노동력과 전문화된 산업, 그리고 상업과 수송 시스템 등을 갖추고 있었다. 그리고 이와 동시에 문자가 출현하게 되었고, 도시 문명은 문자에 의해 발전의 기반을 더욱 갖추어 갔다. 결국, 부의 축적으로 인한 계층화, 기술의 발달로 이루어진 전문화, 그리고 교역의 확산에 의한 탈지역화 등이 도시 문명의 특성이라고 할 수 있다.[31]

물론 이 시대의 도시는 오늘날의 대도시에 비하면 훨씬 작은 규모다. 그렇지만 이전 정착지들보다는 더 광범위하고 인구 밀도가 높았으며 구성 및 기능 면에서도 매우 달랐다. 아직 도시 구성원의 대부분이 농민으로서 농사에 종사했지만, 전일제 전문 장인이나 운송업자, 상인, 관리, 성직자와 같은 계층이 생겨남에 따라 이들을 먹여 살릴 수 있어야 했다. 이들 새로운 계층은 직접 식량 생산에 종사하지 않으면서 사원이나 왕실의 곡물창고에 축적된 잉여생산물로 생활했기에 사원이나 궁정에 의존할 수밖에 없었다. 자연스럽게 사제, 민간 및 군사 지도자들과 관료들은 집중된 잉여생산물의 상당 부분을 소유하여 '지배계급'을 형성했다. 전문 장인이나 상인들은 지배계급의 욕구를 충족시키면서 그보다는 낮은 계층에 속했다고 할 수 있다. 농사를 지으면서 식량 생산에 종사했던 농민들은 그보다 더 낮은 하위 계층에 속했다. 그런데, 하위 계층들은 평화와 안전을 보장받았을 뿐만 아니라 대부분의 사람들이 육체노동보다 더 귀찮다고 생각하는 지적 업무로부터 해방될 수 있어서 계층이나 계급의 갈등이 표면화될 만큼 나타나지는 않았던 것 같다.[32]

종교가 초기 도시의 형성에 매우 중요한 역할을 했지만, 종교적인 권위나 제사 의식 체계만으로 도시가 이루어지고 발전했다고 볼 수는 없다. 초기 도시들이 만들어질 때 제공한 종교적 이념의 기반은 대부분의 도시에서 분명히 남아 있었지만, 도시가 더욱 발달하기 위해서는 무엇보다 기술과 생산력의 발전이 밑받침되어야 했다. 수공업의 전문화는 도시 발달 초기부터 나타났으며, 수공업 장인 계층의 규모는 도시 경제의 규모와 직접적으로 관련이 있었다. 초기 도시에서는 대부분의 수공업 장인들이 궁궐이나 사원과 같은 중앙 기관들에 고용되어 있었다. 예를 들어, 수메르 시대의 우르Ur의 궁궐 내 수공업 작업장에는 금속 주조 노동자, 금세공인, 석공, 목수, 대장장이, 가죽 노동자, 펠트 전문가, 그리고 갈대 노동자 등 8개 부서의 전문가들이 있었다. 시간이 좀 더 지나서야 중앙 권력 기관 외의 개인 고객을 위해서도 수공업 장인들이 일할 수 있었고, 이와 함께 도시의 경제 규모도 더욱 커졌다.[33]

한편 도시혁명으로 상당한 부가 축적되면서, 부는 왕과 성직자

계급과 같은 지배계급에게 집중되었는데, 이러한 부와 권력의 집중은 계급체계를 강화하고 불평등을 사회구조로 고착화해갔다. 한편으로는 이러한 집중이 잉여생산물을 안정적으로 확보하여 사회적으로 유용하게 사용하는 데 기여하기도 했다. 예를 들어 이 시기의 도시에는 기념비적인 공공건축물이 많이 들어서게 되었는데, 도시에 부와 권력이 집중되지 않았으면 이러한 건축물들의 축조는 가능하지 않았을 것이다.

무역과 전쟁으로 교류하다

이처럼 도시혁명은 이집트와 메소포타미아에서 비교적 같은 시기에 이루어졌고, 인도의 경우도 도시혁명이 나타난 시기가 크게 다르지 않다. 따라서 이러한 사건들은 독립적으로 이루어진 것이 아니라 상호 간의 교류에 영향받아 진행된 것으로 볼 수 있다. 이집트 통일 왕국 성립기에 사용된 것으로 보이는 원통 인장과 예술적 동기, 톱니 모양의 벽돌 건축, 새로운 형태의 배 등은 메소포타미아 지역에서 생산되어 이집트로 도입된 것이다. 인더스 지역에서 만들어진 제조 물품이 수메르 지역에서 나타나는 것도 이들 도시들의 교류 관계를 짐작할 수 있게 한다. 도시혁명은 단순히 한 지역에서 다른 지역으로 이식된 것이 아니라, 개별 문명들이 문화적 특성을 기반으로 성장하면서 교류를 통하여 확산된 것으로 볼 수 있다.

메소포타미아 지역과 마찬가지로 인도의 신드와 펀자브 지역 또한, 문명의 발전에 필요한 여러 가지 원자재의 부족으로 어려움을 겪고 있었다. 따라서 필요한 원자재를 안정적으로 확보하기 위해서는 정기적이고 규칙적인 무역과 거래 시스템을 마련해야만 했다. 예를 들어 도시에 거주하는 장인들은 그들이 사는 평원 지역에서는 얻을 수 없는 원자재를 확보하기 위해 먼 지역으로부터 수입을 해야 했다. 도시의 유적지에서 히말라야에서 자라는 개잎갈나무가 확인되고, 고원지대에서만 산출되는 귀금속과 금속 원료 등이 출토된 것으로 이를 알 수 있다. 거꾸로 인더스의 평원 도시에서 제작된 물품들이 파키스탄 서남부의 발루치스탄과 심지어 메소포타미아에서 발견되는 사실도 이러한 무역과 거래 시스템이 있었다는 것을 뒷받침한다.[34]

한편 사원은 도시들의 교류에 중요한 역할을 했다. 장거리 교역은 사원의 통제를 받았기 때문에 상인들은 사원과 제휴할 수밖에 없었다. 이것은 아마도 직물 및 기타 교역재의 잉여 생산을 사원이 주도하거나 적어도 통제했었다는 것을 나타낸다.[35] 동부에서 서부에 이르는 무역로들은 로마나 그리스 문명이 나타나기 훨씬 이전부터 만들어졌다. 중국, 인도, 페르시아의 무역 상인들이 물물교환의 대상인 상품들을 운반했다. 그렇게 해서 인도의 캐시미어나 페르시아 융단을 지중해 연안의 생산품들과 교환할 수 있었다.

시간이 경과하면서 한때 고대문명을 이끌었던 도시들인 바빌론Babylon, 다마스쿠스Damascus, 카르타고Carthage, 멤피스Memphis 등이 쇠락하여 더 이상 상업 중심지의 역할을 하지 못하게 되었지만, 이후에는 지중해 연안을 따라 형성된 도시들이 성장하기 시작했다. 이어서 점차 그리스의 힘이 커지고 연이어 로마의 세력이 강해지면서 새로운 무역로들이 만들어졌다. 카르타고가 몰락해서 폐허가 되었을 때, 지중해의 교역은 이윽고 오늘날의 이탈리아 서쪽 연안인 티레니아해Tyrrhenian Sea로 옮겨졌다. 그 중심에는 로마가 있었고 육지와 바다의 '모든 길이 로마로' 이어질 수 있었다.[36]

전쟁과 세력 팽창의 시기를 거치면서 고대 로마 사회는 농업 기반의 공동체에서 자유인과 노예 노동력에 의존하여 움직이는 고도로 기능적인 산업 체계로 전환해갔다. 이러한 변화는 농경 생활이 유일했던 시골 지역을 떠나 활기찬 도시와 항구로 모여들게 했고, 도시와 항구에서의 생활은 외국 상품과 많은 사람들의 유입으로 인하여 매우 역동적이었다. 지중해 전역에 물건을 더 안전하게 운반할 수 있는 무역항로들이 새롭게 조성된 이후에는 지중해의 어디서든 로마로 상품을 운반할 수 있었다. 접경한 모든 지역에서 국경을 확장하면서 로마 국가는 급속히 성장했고, 공식적으로 기원전 31년 악티움 전투 이후 로마 제국이 되었다. 한편 이러한 성장과 세력 팽창을 위해서는 식량 생산의 증가와 강한 군대의 유지가 필요했다. 확장된 군대를 유지하기 위해서는 하층민으로부터 끊임없이 병력을 공급받아야 하지만, 이로 인하여 농업에 종사할

젊고 건강한 인력이 부족해지면 농업생산의 감소로 이어질 수 있다. 그럼에도 불구하고 이러한 인력을 보충하고 식량 생산을 증가시킬 수 있었던 것은 전쟁에서 확보한 노예들 덕분이었다.[37] 이러한 노예를 확보하기 위해서라도 전쟁은 필수적인 것으로 여겨졌다.

의학과 의술의 탄생

나일강 유역에 정착한 사람들은 입이나 코 또는 귀를 통해 몸에 들어간 악령이 질병을 일으킨다고 믿었다. 따라서 이집트 문명의 초기에는 주술사들이 질병에 걸린 사람들을 대상으로 주문을 외우고 종교적 의식 요법을 행하면서 치료를 담당했다. 한편, 여러 가지 치료 방법을 시도하면서 특정 질환에 효과가 있는 치료법이 발견되면 관찰한 사항을 파피루스에 기록하기도 했는데, 이 파피루스 기록은 의학과 관련된 첫 번째 체계적인 문헌이 되었다. 기침을 치료하기 위한 여러 가지 방법을 비롯하여 복부, 눈, 그리고 피부 질환 등에 대한 다양한 치료법뿐만 아니라 피임술에 관한 내용도 파피루스 기록에 남아있다.[38] 이집트의 의술을 주술로부터 완전히 구분할 수는 없지만, 질병에 대한 치료법을 실험과 관찰을 통해서 찾으려는 과학적 측면이 함께 존재했던 것이다.

이집트의 의학 혹은 의술은 매우 앞서 있었기 때문에 이집트가 후대 역사에 미친 의학적 공헌은 적지 않다. 대표적으로 약물과 식물에 관한 약학 지식의 상당 부분이 이집트에서 비롯된 것들이다.

예를 들어 이집트에서는 피마자유와 같이 변비를 치료하는 약을 사용하기 시작했는데, 이는 오늘날까지도 효과적인 치료법으로 인정받고 있다. 이와 같은 약 처방과 치료 기록 및 증거는 이집트인들이 다양한 조합의 치료술을 사용할 줄 알았음을 보여주는 것이다.[39]

시간이 지나면서 이집트의 의사는 세 가지 유형으로 발전했다. 첫 번째 유형의 의사들은 여러 가지 약물로 치료를 시도했던 그룹이다. 그들은 상추와 양파에서부터 하마 지방, 인간 배설물에 이르기까지 다양한 물질을 약제로 사용했으며, 점차 각각 신체의 특정 부분에 집중하면서 전문화되었다. 두 번째 유형은 골절이나 탈구 같은 외상을 주로 치료한 외과 의사들이다. 그들은 복부를 열어서 수술하지는 않았지만, 섬세한 외과용 메스, 칼, 핀셋, 그리고 침 등을 이용한 수술을 했다. 세 번째 유형은 악령과 부적을 가지고 나쁜 기운과 싸우는 주술사였는데, 그들은 주문과 제사로 질병을 다스리려 했다.[40]

고대 이집트의 의학은 질병이 육체와 영혼 사이의 불균형에서 비롯되었다는 믿음을 가지고 있었다. 따라서, 기도, 마술, 제사 또는 경험적 치료법을 통해 건강을 회복할 수 있다고 생각했다. 그들은 인체가 혈액, 소변, 정자, 눈물을 운반하는 도관의 체계에 의해 통제되는 것으로 이해했고, 육체적 청결함은 물론 영적 순결을 달성하는 것을 목표로 했으므로, 깨끗한 음식, 옷, 목욕, 성관계에 대한 규제가 엄격히 이루어졌다.[41]

메소포타미아 지역에서도 질병은 악마나 악의 세력이 일으킨 다고 생각했다. 예를 들어 메소포타미아 의사들은 독 성분이 든 약제를 이용하여 질병을 유발하는 악마를 제거하려고 시도하곤 했다. 식물과 약초는 질병을 치료하는 데에 매우 중요했고 '약'과 '허브'라는 용어를 거의 구별하지 않고 사용했다. 씨앗, 껍질 등 식물 재료로 만들어진 약제를 맥주나 우유에 타서 먹이거나 와인, 꿀, 그리고 기름과 섞어서 외용제로 사용하기도 했다.[42]

메소포타미아의 의사는 질병을 치료하는 직업으로 확립되어 있었다. 의사의 장비에는 수술 도구와 함께 환자를 진찰하고 치료하거나 수술할 수 있는 침대도 포함되어 있을 정도였다.[43] 의술을 행하는 사람들은 사제ashipu와 의사asu로 구성되었는데, 의사들은 응급처치, 약물 투여, 수술에 주로 관여했고, 어떻게 신의 노여움을 샀고 예후가 어떤지에 대해서 알려주는 사제들과도 긴밀하게 협력하면서 환자들을 돌보았다. 문명의 초기에는 주술사나 사제가 질병 치료를 맡았던 것을 생각해보면 이러한 의사와 사제의 협력 관계는 이상한 일이 아니다. 또한, 이러한 협력관계는 그리스의 히포크라테스와 그 후예인 의사들이 아스클레피오스 신전에서 환자들을 돌볼 때 신전 수도사들과 협력하는 모습에서 다시 볼 수 있다. 어떤 측면에서는 오늘날의 신체적 질병을 다루는 내과와 외과 의사, 그리고 정신적 질병을 다루는 정신과 의사의 관계도 이와 비슷하다고 볼 수 있다.

기원전 3000년에 제작된 수메르의 쐐기 문자 판에는 15개의 약 처방전이 기록되어 있다. 처방에 사용되었던 재료들은 소금, 우유, 뱀 가죽, 거북이 껍데기, 몰약myrrh, 沒藥, 무화과 등이었다.[44] 이러한 처방이 어떤 질병에 어떻게 쓰이는지에 대해서는 자세히 기록되어 있지 않아서 질병 치료가 어떻게 이루어졌는지는 알 수 없다. 그러나 당시의 의술이 소독과 위생을 매우 중요시하였고 수술도 상당한 수준으로 이루어졌다는 근거들은 꽤 있다. 한편 바빌로니아, 아시리아, 히브리를 포함한 메소포타미아의 건강에 대한 개념에는 영적인 순결과 질병 예방의 중요성이 모두 포함되어 있었다. 따라서 신 앞에서 육체를 정화하는 개념으로 위생 풍습을 갖추었다. 탈무드 시대의 랍비들은 질병이 음식, 옷, 음료, 물과 공기를 통해 전염될 수 있다는 믿음에 기초하여 질병 통제를 위한 정교한 규칙을 만들기도 했다.

의료서비스와 의료비가 법으로 규정되기도 했다. 함무라비 법전에는 귀족, 평민, 노예의 사회 계급에 따라 의료비를 차등화하여 받아야 한다고 적혀 있고, 이를 어기면 처벌을 받아야 했다. 이러한 면에서 보면 메소포타미아에서는 잘 훈련되고, 약물 및 수술 치료 시설을 갖춘 의사가 제공하는 의료서비스가 사회제도의 중요한 부분으로 자리를 잡고 있었다는 것을 알 수 있다.[45]

한편 의학이 발전하기 위해서는 인체의 해부학적 구조에 대한 이해가 바탕이 되어야 한다. 해부학에 대한 이해가 최초로 이루어진 계기는 이집트 북부의 항구도시인 알렉산드리아와 관련이 있다. 알렉산드로스 대왕이 꿈꿨던 이 국제도시는 그의 사후에 이집트의 통치자였던 프톨레마이오스 1세에 의해 완성되는데, 그는 학자들이 상시 거주하면서 연구할 수 있도록 궁전을 박물관과 도서관으로 탈바꿈시켰다. 여기에는 연구실, 천문대, 동물원 등이 들어섰고 인체 해부도 가능했다. 여기서 해부학의 선구자 헤로필로스는 공개적으로 인체를 해부했고 생각의 중심이 심장이 아닌 뇌라는 사실을 밝혀냈다. 또한, 동맥과 정맥 속에는 공기가 아닌 피가 흐른다는 것을 알아내고, 이를 질병을 진단하는 데 이용하기도 했다. 신이 질병을 일으킨다는 생각이 퍼져 있던 당시로써는 획기적인 발전이었다.[46]

한편 중국을 중심으로 한 황하 문명권에서는 질병의 원인에 대하여 이집트나 메소포타미아와는 조금 다른 생각을 하고 있었다. 중국의 상 왕조 시대에는 죽은 조상들의 저주가 질병의 원인이라고 믿었기에 제사와 기도로 조상의 혼을 달래서 질병을 치료하려고 했다. 그렇기에 죽은 사람들의 영혼과 의사소통을 할 수 있는 사람들이라고 여겨지던 주술사 혹은 무당들이 존경을 받기도 했다. 이후에는 주술에서 벗어나 음양과 오행에 대한 개념과 인체의 조화로 질병을 합리적으로 이해하려는 노력도 생겨났다.[47] 예를 들어 중국인들은 신체와 정신의 활동이 '기氣'라고 불리는 생명을 이루는 성질에 의하여 이루어지는 것으로 이해했다. 기는 우주와 인간 간의 상호 연관성, 혹은 외부의 자연적 힘 및 내부의 생리학적 과정의 균형적 관계를 설명하는 중국 철학의 기본 개념이었는데 질병을 이해하는 데에도 적용되었다.

중국에서 가장 오래된 의학이론서인《황제내경黄帝內經》은 기원전 1세기에 편찬되었으며 과거부터 전해오던 진단법과 치료법의 내용이 정리되어 있다. 이 책에서는 인간, 자연, 하늘 사이의 옳고 그른 관계, 해부학과 병리학, 올바른 진단과 치료를 하는 방법을 상세하게 설명하고 있다. 중요한 것은 이전의 주술과 마술 이론을 벗어나 관찰을 바탕으로 증명된 식물의 효능과 치료를 강조했다는 점이다. 한편 대략 이 시기에 침술이 중국 의학에 소개되었고, 그이후로 중국 의학에서 빠질 수 없는 의술 중 하나가 되었다.[48]

《황제내경》은 황제가 주변 의사들과 나눈 질병과 의술에 관한 대화책이라고도 할 수 있다. 이 책에서 기백이라는 의사는 사람들이 건강하지 않은 이유를 "개개인의 생활방식과 습관이 잘못되어 질병이 걸린다"고 설명하고 있다. 또한 음식을 절제하고, 규칙적인 생활을 하고, 무리해서 힘을 쓰지 않으며 몸과 정신이 조화를 이루면 건강해진다고 말한다. 즉, 음양의 조화가 생명의 본질이고 음양의 조화가 깨질 때 건강을 잃으며, 인체의 조직 구조, 생리적 기능, 병리적 변화에 이러한 음양의 원리가 들어있기 때문에 질병의 진단과 치료에도 음양의 원리가 적용되어야 한다는 것이다. 따라서 인체 내의 조화와 자연과의 조화가 서로 조응하여 이루어지는 방향으로 생활한다면 건강하고 장수할 수 있다고 주장하고 있다.[49] 이러한 개념은 오늘날의 한의학에까지 이어지고 있다.

전통적인 인도 의학인 아유르베다Ayurveda의 기원은 기원전 1000년경에 등장했던 아타르바베다Atharvaveda에서 유래한다. 아타르바베다에는 질병이 아브라자(구름이나 습기), 바타자(바람), 스스마자(건조함)의 세 가지 자연 요인에 의해 발생할 수 있다고 설명하고 있다. 아유르베다는 당시로써는 매우 발전한 의학적 체계를 이루고 있는데, 내과, 외과, 안과 및 이비인후과, 소아과와 산과 및 부인과, 독물학, 노인학 및 영양학, 성의학, 그리고 정신의학과 악마학 등의 8개의 의학적 전문 분야로 나누어져 있는 의료 체계가 존재했다.[50]

이와 같이 각 문명권에서 도시와 국가가 체계를 갖추어가면서 질병에 대응하기 위한 질병관 및 의학과 의술 체계가 자리를 잡아갔다. 특히 행정, 군사, 교육 등 사회를 구성하는 기본 체계들이 도시의 발달과 함께 틀을 갖추어가면서 의료 체계도 사회를 이루는 중심 체계의 하나로서 같이 발전해갔다. 흥미로운 점은 각 문명권마다 조금씩 특성은 달랐지만, 주술적인 내용과 약초에 대한 의존, 그리고 칼이나 침을 사용한 외과적 시술 등 전반적인 내용과 수준은 비슷했다는 점이다. 이를 통해서도 각 문명은 서로 영향을 주고받으면서 발전했다는 것을 알 수 있다.

2장
도시가 전염병의
온상이 되다

도시가 전염병의
온상이 되다

천연두의 시작과 전파

천연두는 기원전 만 년경, 문명이 시작되던 시기, 즉 아프리카 북동부에 초기 농업 정착지가 있던 시기에 나타난 것으로 여겨진다. 천연두를 닮은 피부 병변의 증거는 기원전 1570년~1085년 시기의 이집트 왕조의 미라와 기원전 1157년에 죽은 람세스 5세의 미라에서 발견되기도 했다.[51]

천연두를 일으키는 바이러스는 원숭이나 다람쥐를 숙주로 하다가 사람으로 옮겨와서 이 무서운 전염병을 일으켰을 것으로 추정된다. 아마도 아프리카의 밀림 속에 있다가 원숭이를 통해서 사람에게 옮겨진 후 무역로를 따라서, 그리고 노예나 상인, 군인, 혹은 탐험가들을 통해 다른 지역으로 퍼져갔을 가능성이 크다. 천연두는 유럽뿐 아니라 인도, 중국 등 동쪽으로도 널리 퍼져나갔는데, 기원전 5세기에는 아테네와 페르시아로 전파되었고, 기원전 3세기 중반에는 페르시아인이나 인도 북서부로부터 중앙아시아의 훈족을 포함한 여러 부족들에게 전해졌다.

이집트에서 인도에 이른 천연두는 이후 인도에서 2,000년 이상 동안 만성적으로 발생했다. 특히 갠지스강 유역에서 풍토병으로 자리를 잡았는데 이 지역에서는 사망률이 높은 감염병이라기보다는 피부질환을 일으키는 병으로 여겨졌다.[52] 이후 천연두가 중국에 이른 시기는 중앙아시아에 살던 훈족이 중국을 공격했던 기원전 250년경이다. 기원전 243년에 쓰인 문헌에는 '제국 전역에 퍼진 전염병'으로 기록되어 있어 빠르게 퍼져간 것을 알 수 있다. 이와 같이 기원전 마지막 1,000년 동안 전쟁과 제국의 흥망성쇠를 겪으면서, 그리고 무역상들을 통해서 천연두가 전파되었다고 할 수 있다.[53]

마르쿠스 아우렐리우스 황제가 재임하던 시기에는 로마 제국에서 천연두가 발생하여 맹위를 떨쳤다. 역사학자 아노 카렌Arno Karlen은 인도에서 퍼져나간 천연두가 몽골과 중국으로 향하는 스텝 지대를 따라 이주하던 훈족에게 전해졌고, 이후 이들을 따라 동쪽과 서쪽 양방향으로 이동하다 동방원정을 오던 로마 군인들과 처음 접촉하게 되었다고 설명한다. 로마가 페르시아에서 한창 전쟁을 치르고 있을 때인 서기 165년은 로마 군대가 메소포타미아 지역으로 진출하여 셀레우키아Seleukia를 포위 공격했을 때였다. 티그리스강변에 위치한 셀레우키아는 당시 그 지역에서 상업과 무역 및 헬레니즘 문화의 중심지 역할을 담당하고 있었기 때문에, 사람뿐 아니라 경제, 문화와 함께 질병이 상호 교류할 수 있는 최적의 조건을 갖추고 있었다. 동방에서 천연두 바이러스에 감염된 사람이 셀레우키아에 도착한 이후, 이 바이러스가 도시 내의 많은 사람들을 공격하기 시작했을 것으로 추정된다.[54] 셀레우키아에서 발발했던 역병은 이후 그 지역에만 국한하지 않고 페르시아에서부터 라인강과 갈리아에 이르기까지 로마 제국의 전역에 전염병이 되어 널리 퍼졌다.[55]

서기 569년에는 에티오피아 군대가 메카를 공격한 코끼리 전쟁 때 아라비아에서 크게 퍼져 나가기도 했다. 십자군과 순례자들을 통하여 중동 지역에서 이탈리아, 프랑스, 스페인 등 서유럽에 들어오게 된 이후에는 서유럽이 오랜 기간 천연두의 만성적인 발생지가 되었다. 유럽에 들어온 이후에 천연두는 덴마크, 영국, 그린란드 등 더욱 북쪽으로 퍼져나가다, 17세기에는 러시아에까지 이르게 되었다. 이렇게 천연두가 확산했던 가장 중요한 이유는 이들 지역에서 도시화가 진행되고 인구가 더욱 모여 살았으며 상업과 교역, 그리고 전쟁이 활발했기 때문이다.

로마는 전염병에 취약했다

로마인들이 세운 도시계획을 보면 중앙 광장은 도시의 공공 서비스를 제공하는 역할을 하는 장소로 자리를 잡았고, 각 거리는 직선으로 이루어진 격자 모양으로 이루어졌다. 수백 개의 도시들이 제국 전역에 걸쳐 건설되었는데, 도시는 대부분 강 근처에 있었기 때문에 강물이 도시 근처나 시내를 통해 흘러가, 먹는 물의 공급과 하수 처리 등이 가능할 수 있었다. 도시 안까지 물을 공급해주는 수로는 기원전 312년에 로마에서 처음 건설되었는데, 서기 3세기에는 11개의 수로가 생겼고, 이로 인하여 물이 부족한 상황에서도 백만 명 이상의 인구를 유지할 수 있었다.[56]

인술라Insula는 직사각형 모양의 6~8개의 가구가 거주하는 공동주택으로, 기원전 로마 사회에서 도시로 인구가 밀집하기 시작하면서 생겨난 주택 형태다. 플레비안Plebeians이라 불리는 로마의 하층민들이 이 공동주택에 살았고, 상류층은 대개 도무스Domus라는 단독주택에 거주했다. 인술라에서는 조부모, 부모, 그리고 자녀로 이루어진 대가족 전체가 한 방에 살았으며, 화장실은 여러 가구들이 공동으로 사용했다. 인술라는 로마인들이 거주하는 가장 흔한 형태가 되었지만, 인구가 과밀하고 위생 상태가 불량했기 때문에 로마의 도시민들 사이에 질병을 만연시키는 요인이 되기도 했다.[57][58]

치유의 신인 아스클레피오스와 건강과 위생의 신인 그의 딸 하이기아 동상이 목욕탕의 인기 장식이었던 것을 보면 로마인들은 목욕과 위생, 건강이 서로 관련 있다고 여겼던 것 같다. 로마는 수로를 통하여 매일 수천 갤런의 신선한 물을 흘려보내 도시 전역에 목욕을 포함한 물의 수요를 충당하였다. 그러나 로마의 목욕탕은 그리 위생적인 장소만은 아니었다. 의사들이 치료를 위해 환자들에게 정기적으로 목욕탕을 방문할 것을 권했기 때문에 일반인과 환자들이 같은 물로 목욕을 했고, 화장실 또한 공중목욕탕 건물 안에 있거나 인접한 곳에 있었기 때문에 위생상 청결하지 않았다. 공공화장실은 10~20명 사이의 사람들을 수용할 수 있었는데, 좌석 아래에 흐르는 물로 대소변을 흘려보냈고, 화장실에서 공용으로 사용하는 스펀지를 통해 배변 후 항문을 닦았다. 이 스펀지들은 재사용되었기 때문에 세균의 번식지로 질병을 옮기는 매개 역할을 하기도 했을 것이다.[59]

특히 로마의 공공시설 하수구는 국가가 관리했지만, 개인 배수구는 재산 소유자의 책임이었기 때문에 대개 방치되었다고 할 수 있다. 폼페이에서 발견되는 도시의 흔적에 따르면, 대부분의 주택이 거리의 배수로와 바로 연결되어 있었다.[60] 또한, 로마는 거리 청소가 제대로 이루어지지 않아서 주민들이 악취에 시달렸고, 파리와 떠돌이 개들이 질병을 퍼뜨렸다. 따라서 로마는 뛰어난 위생시설을 가진 것은 맞지만 높은 인구 밀도와 비위생적인 생활로 인해 전염병 전파에 매우 취약한 환경이었다. 이러한 상황에서 천연두가 '안토니누스병'이라는 이름으로 로마에 등장했다. 이는 서기 165년에 로마 제국에서 퍼지기 시작하여 이듬해에는 수도인 로마

에 도달하여 파괴적인 영향을 끼쳤고, 결국 로마 제국을 쇠퇴로 이끌었던 하나의 계기가 되었다.[61]

이탈리아의 항구도시와 페스트

고대 로마의 유산을 이어받은 이탈리아는 근대 초기 도시화된 지역들 중 하나다. 《중세의 도시Medieval Regions and Their Cities》의 저자 조시아 콕스 러셀Josiah Cox Russell은 1250년경 유럽의 도시 계층 구조를 설명하면서 이탈리아를 '유럽에서 가장 선진적이고 도시화된 나라'라고 표현했다.[62] 당시는 이탈리아의 도시들, 특히 제노바와 베네치아가 상업 해양을 이끌고 있을 때다. 지중해를 중심으로 유럽과 중동 지역을 잇는 항로는 바닷길을 따라 산재한 도시들의 네트워크였다.[63] 그리고 이러한 네트워크는 질병의 전파에도 매우 효과적이었다.

페스트는 급속도로 발병하고, 심히 고통스럽고 비참한 증상을 일으키며, 치료가 적절히 이루어지지 않을 경우 질병 대비 사망자 수의 비율을 뜻하는 치명률이 매우 높다. 페스트에 감염된 사람의 절반 이상이 목숨을 잃기 때문에 치명률이 50%를 넘었는데, 사실 그 정도의 치명률을 보이는 질병은 찾아보기 어렵다. 게다가 인체 내 진행 속도도 매우 빨라서 페스트는 증상이 발현한 시점부터 수일 내에, 때로는 수일도 지나지 않아 사망에 이르게 했다.

페스트는 엄청난 공포도 몰고 왔다. 페스트가 덮친 공동체에서는 사람들이 신의 노여움을 풀려고 애쓰듯이 집단 히스테리를 부리거나 폭력을 휘두르거나 신앙의 부흥 운동을 전개했다. 또한, 그런 끔찍한 재앙을 일으킨 장본인에게 책임을 전가하기 위해 이웃을 의심하는 일이 빈발했다. 따라서 희생양 삼기와 마녀사냥이 반복되었고, 도시의 안전을 지키기 위한 목적으로 만들어진 자경단은 외국인과 유대인을 끈질기게 찾아다니며 희생양으로 삼기에 여념이 없었다.

르네상스 시대 이탈리아의 도시 국가들은 지중해 무역항로의 중심에 위치해 중동과 북아프리카로부터 승객과 물자는 물론 심지어 밀항한 쥐들까지 받아들일 수밖에 없는 취약한 입지 탓에 페스트의 공격을 받기가 쉬웠다. 이 도시들은 페스트에 시달리면서 한편으로는 페스트 방역 대책을 선구적으로 마련하는 역할도 했다. 피렌체와 베네치아, 제노바, 나폴리 같은 항구도시들은 이런 방역 정책 개발에 늘 앞장섰고, 다른 도시들도 이러한 정책을 앞다투어 모방하곤 했다.

특히 베네치아는 해양에 대한 의존성과 교역 관계 때문에 거의 5세기에 걸쳐 일정한 간격으로 페스트의 공격을 받았다. 페스트에 대한 정책 중 하나로 라자레토Lazaretto를 만들었는데, 이는 해양에서 베네치아로 들어가기 직전에 거쳐야 하는 검역소 역할을 했다. 감염병이 육지로 유입되는 것을 막기 위함이었는데, 전염병을 방지하기 위해 법령에 따라 선박과 승객, 물품을 제한된 기간 동안 격리하는 것이었다. 따라서 베네치아에 도착하자마자 질병을 앓고 있는 것으로 의심되는 사람과 물품은 40일의 법정 격리 기간 동안 라자레토에 갇혀 있어야 했다.[64]

이와 같은 검역제도는 이후 2세기에 걸쳐 공중보건과 관련된 모든 문제에서 입법권, 사법권, 그리고 행정권을 결합하면서 강화되었다. 16세기 중반까지 이탈리아 북부의 주요 도시들은 비상시에 강화되는 치안법을 두게 되었으며, 이는 최초의 감염병 예방법이었다.[65] 이렇듯, 흑사병이 발병한 14세기경부터는 이탈리아를 비롯하여 독일 남부에 이르기까지 도시 단위의 검역을 실시했다. 당시 의사들과 정책 결정자들은 '감염된' 지역을 오가는 모든 움직임을 제한하려고 노력했으며, 그 제한에는 사람, 동물, 상품 등 모든 대상이 포함되었다. 도시로 들어가려는 사람은 2주에서 4주 동안 감염된 지역에 출입한 적이 없다고 증명해야 했으며, 그렇지 못할 경우에는 도시 경계선 밖에 머물 수밖에 없었다. 상품의 원산지를 증명서로 증명해야 했고, 만약 감염된 지역에서 왔거나 그 지역을 통과해서 왔다면, 역시 도시 외곽의 장소에서 격리되었다. 질병 확산 통제를 위해 접촉 방지 및 격리 시스템이 마을 단위로 이루어졌는데, 병든 사람과 접촉한 사람은 성벽 바깥의 수용시설에 격리되고, 완치된 사람도 자신의 집에서 일정 기간 자가 격리하는 등 다양한 시도가 이루어졌다.[66]

이처럼 14세기부터 전염병 확산을 막기 위해 제정된 전염병 예방 조치들은 일부 성과가 있었지만, 감시, 통제 등 사회적 활동을 억제하기도 하고, 무역을 크게 방해하면서 지배 계층과 상인들 사이의 충돌을 빚기도 했다. 이러한 과정을 거쳐 전염병에 대처하기 위한 새로운 시민 행정 구조가 이탈리아 도시 국가들에서 만들어졌고, 이것이 유럽 각 지역의 공중보건 행정 모델이 되었다.[67] 16세기 초에는 대부분의 주요 이탈리아 도시에 상설 보건 위원회가 설립되었다. 보건 위원회는 이웃 혹은 멀리 떨어진 지역에서 전염병의 진행에 대한 가능한 한 많은 정보를 수집하기 위해 정보기관의 역할을 하기도 하고, 방문객 및 그들의 상품이나 물품에 대한 건강 면허증을 요구하는 이민 당국의 역할도 했다. 한편, 이와 같은 전염병 관리 행정의 발전은 사회 통제와 정치적 권위가 형성되는 세속적 권력화와 연결되어 있었다고도 할 수 있다. 때로는 세속적 권력이 강해짐에 따라 교회의 권위에 도전하거나 권위를 넘어서기도 하였다.[68]

이처럼 전염병 역사상 인류에게 가장 큰 피해를 줬던 페스트의 대유행은 1330년대 중앙아시아에서 발병해 1347년에 서구 사회로 전파된 후, 1830년대에 종식될 때까지 500년간이나 지속되었다. 이탈리아 도시들이 유럽에서 페스트의 첫 희생양이 된 것은 결코 우연이 아니었다. 지중해 무역의 중심이라는 이탈리아의 지리적 위치가 페스트에 대한 취약성으로 작용한 탓이었다. 이탈리아는 베네치아, 나폴리, 케르키라, 제노바, 마르세유, 발렌시아 등 지중해 도시 전체와 연결되는 무역과 질병의 중심축이었기 때문이었다.

산업혁명이 가져온 도시의 변화

경제적으로 볼 때, 16세기 중엽부터 18세기 중엽까지 유럽의 역사는 중상주의 시대로 볼 수 있다. 계몽사상가들은 사유재산 보호를 위한 개혁을 시도했는데, 이는 국가의 경제 개입이 강력했던 당시의 중상주의 정책에 대한 중산층의 불만을 반영한 것이다. 국가의 간섭이 자연법에 위배됨을 역설하는 개혁가들이 나타났고, 이들에게 경제 행위의 합당한 안내자는 자유경쟁으로 무장한 정신이었다. 특히 케네Quesnay를 비롯한 중농주의자들은 토지와 농업에 기반을 둔 자유롭고 사적인 경제 행위가 곧 공동의 이익에 대한 봉사임을 강조했다. 이러한 중농주의자들의 견해는 애덤 스미스Adam Smith의 《국부론》으로 계승되어 영국 산업혁명의 이론적 기반을 이루었다. 스미스는 '자신의 운명을 결정하는 자유로운 개인'의 적극적인 경쟁이 전체에 이익이 된다고 주장했다.[69] 이 경쟁을 위해서는 자유로운 계약을 이행할 수 있는 건강한 노동력이 필요했고, 결국 노동력을 건강하게 유지하는 것이 산업도시 형성과 발전의 중요한 기반임을 시사했다.

과거 중세 영국에서는 토지에 대한 근대적 소유권이 확립되어 있지 않았을 뿐 아니라 개방경지제도open field system가 운용되고 있었기 때문에 토지가 공동체적으로 이용되고 있었다. 이 같은 토지 제도가 영국에서 그대로 유지되었으면 개인의 영리 추구를 기본으로 하는 상업적 농업은 발전하지 못했을 것이다. 상업적 농업이 발전할 수 있으려면 한 개인이 일정한 토지에 대해 권리를 가지고 있고, 그러한 기초 위에 원하는 방식대로 이용할 수 있어야 하기 때문이다. 그러던 어느 날 공동체적인 토지 이용이 상업적 토지 이용으로 바뀌게 되는 일이 생겼다. 15세기 말에서 16세기 초에 걸쳐서 양모 가격이 곡물 가격보다 빠른 속도로 상승하자, 농업 경영자들이 곡물 재배를 위한 농경지를 양 사육을 위한 목초지로 전환시키는 경향이 나타난 것이다. 결국, 농업을 업으로 삼는 사람들은 농경지가 목초지로 바뀌어 일자리를 잃게 되는 상황을 맞게 되었다. 토마스 모어Thomas More가 "양이 사람을 잡아먹는다"라는 말로 표현했을 정도였다.

이러한 상업적 농업의 전개 과정에서 개방경지제도가 해체되고 근대적 토지 소유권이 확립되었다. 토지 소유자는 이제 주어진 가격 조건과 토질이나 기후와 같은 경작 조건에 비추어 자신에게 가장 많은 이윤을 가져오는 농산물을 효율적으로 생산하고자 했다. 결과적으로 일반 농민들은 토지를 상실했고, 젠트리 같은 계층들이 일반 농민들로부터 토지를 사들여 토지 보유 규모를 확대해 나가는 경향이 나타났다. 결국, 농민층이 분해되는 계층 분화 현상이 나타났고, 이는 농민을 도시로 내몰아 산업혁명에 필요했던 노동자를 공급하는 역할을 했다. 산업혁명이 일어날 수 있었던 중요한 기반을 제공한 셈이다.

산업혁명은 면방직 산업에서부터 본격적으로 시작되었다. 18세기 이전 유럽의 전통적인 섬유 산업은 리넨과 양모가 원료였다. 그런데 면직물은 양털로 만든 의복과 비교했을 때 훨씬 가볍고 세탁도 간편했기에 18세기에 들어서면서 면으로 만든 의복에 대한 수요가 폭발적으로 증가했다. 하지만 면화는 서유럽에서는 자라지 않아서 면화로 만든 면직물은 수입에 의존해야 했다. 당시 영국의 식민지였던 인도는 면직물의 최대 생산국이자 수출국이었기 때문에, 서유럽의 면직물은 주로 인도에서 생산된 것이었다. 면직물의 수요가 늘어났지만 인도에서는 수작업으로 면직물을 생산했기 때문에, 늘어난 수요만큼 충분한 공급이 이뤄지지 못하면서 가격이 급등하게 됐고, 편하고 저렴하게 유통되던 면직물은 구하기 어려운 물품이 되었다. 이때 인도에서 면섬유만 수입하여 영국에서 면직물을 만들면 이윤을 낼 것으로 본 이들이 증기 동력을 사용하여 옷을 제작하기 시작하였는데, 이것이 면 방직 산업의 시초가 되었다. 18세기에 일어난 산업혁명은 이와 같이 면직물 산업을 중심으로 영국에서 시작되었다.

이처럼 산업혁명은 수작업에서 기계를 이용한 생산으로의 혁명적 전환이라고 할 수 있는데, 이를 위해서는 기계를 돌릴 수 있는 증기기관이 필요했다. 당시에는 연료로 주로 목재를 사용했는데 벌채로 인하여 목재를 공급할 삼림이 줄어들게 되면서 석탄을 연료로 사용하는 것이 점차 보편화되었다. 따라서 석탄 생산의 필요성이 늘어났고 석탄 생산을 어렵게 했던 문제 중의 하나인 탄광에서의 배수 문제를 해결하기 위해서는 효율적인 펌프가 필요했다. 그리고 이러한 어려움을 해결해줄 수 있었던 것이 증기기관의 등장이었다. 이후 제임스 와트가 축을 회전시켜 기계를 구동시킬 수 있는 회전식 엔진을 개발하면서 증기 엔진이 여러 산업 분야에서 활용될 수 있게 되었다. 증기 동력을 이용한 기계는 면직물의 생산뿐 아니라 다른 생산 분야로 확산되면서 본격적으로 새로운 산업을 창출하기 시작했다.[70] 바야흐로 산업혁명의 시대로 들어서게 된 것이다.

이와 같이 면직물에 대한 요구와 증기기관의 발달이 면직물을 중심으로 산업을 발전시켰고, 그 과정에서 생겨난 공장은 농촌에서 일자리를 잃어버린 인구를 도시로 불러들이는 데 결정적인 역할을 했다. 하지만 대규모의 인구를 받아들일 준비가 안 된 도시는 늘어난 노동자의 생활 여건을 제대로 마련해줄 만큼 충분히 정비되어 있지 않았다. 도시의 공장 지대로 이주한 농민은 도시 노동자가 되었고, 아직 안전하고 건강한 삶을 영위할 수 있는 사회적 기반과 법적·제도적 장치가 마련되지 않았던 탓에 이 시기 이들의 건강 상태는 악화될 수밖에 없었다. 상하수와 오물처리, 화장실 등의 기반을 갖추지 못했던 도시는 결국 산업혁명 초기에 전염병의 온상지가 되었다.

도시의 위생이 개선되다

산업혁명으로 인류는 새로운 세상을 맞이했지만, 명과 암이 공존
했다. 특히나 혁명을 이끌고 이를 완성시켰던 숨은 공신들의 삶은
눈부신 발전 속에 가려졌다. 산업혁명이 시작되었던 영국, 특히 맨
체스터나 런던에서는 노동자들의 상황이 더욱 비참했다. 공장 단
지 근처 및 근교 도시에 형성된 대규모 거주지는 규칙과 규율도
없이 마구잡이로 지어졌고, 어떠한 규제도 없었다. 모여 살기 시작
한 이 주거 단지에는 다닥다닥 붙은 집들 근처에 쓰레기들이 넘쳐
나서 좁은 통로 길목마다 산처럼 쌓였다. 그 결과, 이 구역에 사는
노동자들은 오염된 공기와 유해한 물질에 쉽게 노출되고, 극심한
신체적 노동으로 고통받으며 무절제한 생활을 하게 됐다. 이로 인
해 당시 노동자들의 평균 기대수명은 20세에도 이르지 못하는 상
황이 초래되었다.[71]

이러한 거주지는 어느 한 곳에만 있는 게 아니라, 공장이 모여
있는 대도시마다 적어도 하나 이상 존재했다. 대부분 노동계급이
모여 살았으며, 불규칙하고 아무렇게나 지어진 집들과 함께 포장
되지 않은 길, 동물의 배설물로 가득 찬 골목과 바람이 통하지 않
은 길목 등의 환경을 조성했다. 하수구나 배수로가 없기에 오염된
물질들이 고여 있는 더러운 웅덩이 또한, 곳곳에 존재했다. 주민들

은 황폐해진 거주지 또는 습기 찬 지하실에 모여 살았는데, 이곳에서 건강을 유지하는 것은 사실상 불가능했다. 프리드리히 엥겔스Friedrich Engels가 저술한 책 《영국 노동계급의 상황》은 당시 영국 노동자들의 열악한 생활상을 적나라하게 보여준다. 그의 책은 런던의 어떤 길목에서 목격했던 비참한 노동자들의 생활환경을 고발하는 내용으로 가득 차 있었다.

"성 요한과 성 마가렛 교구에서는 남녀 구분 없이 5,000여 명이 모여 살았는데, 집들은 지하실부터 다락방까지 한 방에 4~6개의 침대로 가득 차 있고, 침대마다 사람으로 가득 차 있었다."[72]

에드윈 채드윅Edwin Chadwick이 1842년에 발간한 보고서인 〈영국 노동인구의 위생 상태 보고서Report on the Sanitary Condition of the Labouring Population of Great Britain〉에서는 도시별·계층별 평균 기대수명의 차이를 분석했다. 이 보고서에 의하면 맨체스터 시티의 전문직 종사자 및 상류계층의 기대수명은 38세였고, 노동계급은 17세였다. 리즈에서는 상류층의 기대수명이 44세, 노동계급은 19세였고, 리버풀에서는 상류계층이 35세, 노동계급은 15세였다.[73] 노동계급의 기대수명은 상류층의 절반도 되지 않았을 뿐 아니라 수렵채집 시기나 초기 농경 시기의 기대수명 이하로 떨어졌던 것이다.

특히 채드윅의 보고서는 도시 지역에 충분한 물과 위생 시설이 없기 때문에 대규모 질병으로 이어질 가능성이 높다는 것을 역설했고, 이후 영국 의회는 1848년 공중 보건법을 통과시키게 된다. 이것은 영국의 상수 및 하수 처리로 이어지는 성과를 낳은 동시에 도시 위생이 조금씩 개선되기 시작했다는 것을 보여주었다. 한편 에드윈 채드윅의 보고서에 이어서 1855년 존 스노우John Snow의 보고서 〈콜레라의 전파에 관하여On the Mode of Communication of Cholera〉가 발간되면서 생활환경과 질병의 상관성에 대한 관심이 커지기 시작했다. 스노우 또한 콜레라가 오염된 물을 통해 전염되는 병이라는 것을 증명함으로써 역학적인 병인론을 세우는 데 획기적인 성과를 거두었다. 이들의 보고서는 생활환경 혹은 위생 조건과 건강의 상관성을 역설했고, 질병에 대응하기 위해서는 위생적인 환경을 조성해야 함을 보여줬다.[74]

이와 같이 사회적 환경과 건강의 연관성을 주장한 많은 사람들 중 독일의 루돌프 피르호Rudolf Virchow를 빼놓을 수 없다. 그는 이러한 연관성을 좀 더 체계화하여 '사회의학'이란 학문 영역을 만든 사람이었다.[75] 피르호는 병리학자였으며 전염병 발생에 있어서 사회적 조건이 중요한 요소라는 주장을 뒷받침하는 경험적 자료를 제공했다. 특히 1848년 프로이센의 북부 실레시아 지역에서 발생한 발진티푸스 전염병에 관한 보고서에서 사람은 생물학적이면서 사회적 유기체이기 때문에, 인간의 건강과 질병은 생물학적 요인뿐만 아니라 사회적 요인에 의해서도 영향을 받는다고 주장했다. 그는 빈곤, 교육 및 민주주의 결핍과 같은 요인들을 전염병을 발생시키는 핵심적 사회 요인으로 보았다.[76] 실제로 피르호는 의사이자 정치가로서 이러한 사회의학적 관점을 적용하여 질병의 사회적 원인을 해결하고자 노력했다. 피르호는 1848년 독일의 의료개혁을 주도했을 뿐만 아니라 급격히 악화되는 베를린의 도시 환경을 정비하기 위해 위생 개혁을 이끌기도 했다.

그러던 중 도시의 위생적인 개선이 직접적으로 건강에 매우 큰 영향을 준다는 것을 증명한 사례가 생겼다. 미국의 히람 밀스Hiram Mills는 1893년 9월, 매사추세츠주 로렌스시에 여과 과정을 거쳐 정화된 물을 공급하도록 지시했다. 그 결과, 오염된 물과 직접적으로 관련되었을 것으로 생각했던 장티푸스의 사망률이 감소된 것을 확인했을 뿐 아니라, 도시의 일반적인 사망률이 현저하게 줄어든 것을 확인했다. 이보다 조금 먼저 1893년 5월에는 독일의 함부르크시에 상수 공급을 위한 여과 시설이 설립되었는데, 보건 당국자인 요한 링케Johann Reincke 역시 여과 시설 설치 후 사망률이 감소한 것을 확인했다. 로렌스의 밀스와 함부르크의 링케 박사가 각각 독자적으로 발견한 이 중요한 현상은 이후 밀스-링케 현상이라고 불리게 되었다.

그런데 모래 필터의 설치 이후에, 장티푸스 사망률의 감소율은 10만 명당 66명이었던 데 비해, 모든 질병을 포함한 전체 사망률의 감소율은 10만 명당 470명으로, 그 일곱 배나 될 만큼 변화가 컸다. 장티푸스로 인한 사망자가 한 명 줄어든 곳에는 다른 원인에 의한 사망자도 여섯 명 줄어든 것이다.[77] 이와 같이 먹는 물의 수질을 개선한 결과 장티푸스뿐 아니라 다른 원인에 의한 사망도 줄어들어 전반적인 사망률이 크게 감소했다는 것을 알 수 있었다.[78] 도시의 위생시설과 환경의 중요성이 건강에 큰 영향을 미친다는 사실이 분명해지기 시작한 것이다.

파리, 런던, 그리고 콜레라

파리의 인구는 1831년 78만 6,000명에서 1846년 100만 명 이상으로 증가했다. 도시의 혼잡도가 심해지면서 인구 증가로 생기는 문제에 대한 마땅한 해결책이 없었기에, 사회적·경제적 삶을 멈추게 할 수 있는 위험이 곳곳에서 도사리게 되었다. 뿐만 아니라 1832~1835년, 그리고 1848~1849년 사이에 콜레라가 파리 전역에 퍼짐으로써 언제라도 도시 내에 전염병이 발생할 가능성도 커졌다. 1848년까지 파리 경제는 깊은 침체에 직면해 있었는데, 이러한 위기 상황에서 나폴레옹 1세의 조카인 루이 나폴레옹이 1848년 2월 혁명 이후 수립된 새로운 공화국에서 국민투표로 대통령이 되었다.[79] 루이 나폴레옹은 대통령이 되고 얼마 지나지 않아 오스만 남작Baron Georges-Eugène Haussmann에게 파리의 도시 정비 사업을 맡겼다.[80]

오스만에 의한 파리 도시 정비 사업은 크게 도로 개설, 상하수도 건설, 녹지 조성, 공공시설 확충, 가로 경관의 변화 등으로 이루어졌다. 그는 도시정비 사업을 위해 측량 및 도시 구조 검사를 시작했고, 하수도 시스템을 개선했다. 기존의 하수도는 폭우가 내리면 많은 양의 물을 다루기에 부족했고, 하수도의 배치와 경사로 때문에 도로로 물이 범람하는 것을 막을 수 없었으며, 도시의 상당 부분은 기존의 배수 체계에도 연결되지 않았다. 파리의 하수 시스템은 모든 폐수가 센강으로 배출되게 하였는데, 빗물과 생활용수를 구분하지 않았기 때문에 오염을 통제할 수 있는 수단이 전혀 없었다. 오스만은 폐수를 생활용수와 분리하여 센강 하류로 흘러 들어가도록 설계하였고,[81] 이후 1885년에서 1913년 사이의 파리에서 하수도 재건 사업과 사망률 감소 사이의 연관성을 확인한 결과, 기대수명이 늘어나는 데 큰 영향을 미친 것으로 밝혀졌다. 1880년대 초의 파리 시민의 기대수명은 41세 정도였는데, 1910년에는 52세를 넘어서게 되었다.[82]

영국에서도 콜레라로 많은 사망자가 발생했다. 영국의 콜레라 역사를 연구한 언더우드Horace Grant Underwood에 따르면 1831년에 처음으로 영국의 선덜랜드에서 콜레라 사망자가 발생했다. 이후 런던에서만 1831~1832년까지 콜레라로 죽은 것으로 추정되는 사망자가 5,275명이고, 1848~1849년에는 콜레라가 더욱 극성을 부리면서 사망자가 13,584명에 달했다. 글래스고, 리버풀 등 주위 산업도시들과 비교해봤을 때도 런던의 콜레라 사망자가 압도적으로 많았다.[83] 런던은 당시 대영제국의 수도로서 인구 밀도가 높고 무역과 교류의 중심지였기 때문이다.

이와 같이 콜레라는 사람들의 교류 및 이동과 연관성이 많았다. 19세기에 들어선 이후, 더욱 빈번해진 사람들 간의 교류, 이주와 전쟁, 그리고 국가 박람회 등은 콜레라가 퍼지기 쉬운 기회가 되었고, 한 번 전염병이 시작되면 걷잡을 수 없이 확산되었다. 콜레라는 일련의 파도처럼 유럽 외의 다른 지역으로도 퍼져나갔는데, 1817년에 인도에서 처음 시작되어 중국, 한국, 일본을 거쳐, 동남아시아의 일부, 마다가스카르, 그리고 진지바르 맞은편 동아프리카 해안에 도착했다. 인도와 아시아 대륙의 사망자는 1,500만 명을 넘어섰고, 비슷한 시기 러시아 사망자는 200만 명을 넘어섰다. 이후 다섯 차례의 대유행을 더 거치면서 사람들의 마음에 전염병의 공포를 각인시켰다.[84]

교류와 이동에 따른 전염병의 확산뿐 아니라 거주지에 기인한 전염병 또한, 국가 차원에서 굉장한 문제였다. 영국에서 열악한 거주지와 공장은 도시로 유입된 노동자들이 비참한 생활을 하게 했을 뿐 아니라, 수많은 인구를 죽음으로 몰아넣는 전염병 탄생의 온상지가 되었다. 예를 들어, 발진티푸스는 이전에는 겪지 못했던 새로운 질병이었다. 발진티푸스는 영국의 여러 지역에서 확산되었고, 환기와 배수, 청결의 열악한 상태가 이 질병과 직접적으로 관련이 있는 것으로 보고되었다. 영국의 의사들은 특히 배수시설이 없는 좁고 통풍이 안 되는 골목으로 인하여 열이 발생하는 것이 발병 원인이라고 주장했다. 이 열병은 스코틀랜드에서 특히 극성을 부렸다. 예를 들어 스코틀랜드 전체 빈곤층 인구의 6분의 1이

이 열병에 걸렸고, 지역을 옮겨 다니며 점차 넓게 퍼져나갔지만 중산층과 상류층에는 크게 영향을 미치지 못하였다. 주거환경이 결정적인 역할을 한 것이다.[85] 다행히 19세기 이후에는 발진티푸스 사망률이 감소했다. 특별한 치료 방법이 개발된 것이 아니라, 생활 수준이 개선된 덕분이었다. 발진티푸스는 생활 수준 향상과 사회 체계 안정으로 발생률이 자연스럽게 떨어졌고, 장티푸스와 콜레라는 효율적인 하수 처리 및 식품 보호와 같은 위생 조치와 물 공급 향상 덕분에 사망률이 감소하기 시작했다.[86]

결핵이 만연했던 뉴욕

1804년 뉴욕시의 폐결핵 사망률은 10만 명당 688명이었는데, 1812년 조사에서는 10만 명당 697명이 되어 줄어들 기미가 보이지 않자, 폐결핵의 원인을 규명하고자 하는 노력이 나타났다. 산업화와 함께 도시 인구가 급격하게 증가했고, 상태가 불량한 주택이 증가하면서 청결하지 않고 건강에 나쁜 영향을 끼치는 환경을 만들어낸 것이 문제였다. 특히 공중보건 전문가들 사이에서는 주거 환경이 결핵을 일으키는 주요 원인으로 지적되었다.[87]

19세기부터 20세기 초까지의 미국 이민 열풍으로 인해 미국의 모든 주요 도시들에 인구가 급격히 유입된 탓에 이와 같은 주택 문제가 생겨날 수밖에 없었다. 특히 뉴욕은 미국으로 들어오는 주요 관문이었기 때문에, 다른 도시들보다 먼저 높은 인구 밀도로 인한 문제가 드러나기 시작했다. 이를 해결하기 위해서 뉴욕 주택 위원회는 공동 아파트나 연립주택을 건설하기 시작했는데, 이는 산업혁명 시기 런던에서 유입된 인구를 감당하기 위해 시행했던 해법이기도 했다. 그 결과, 여러 가구가 2~3층의 주택을 공유하며 큰 방을 쪼개 두세 가구가 살고, 화장실과 부엌은 각 층의 모든 세대가 공동으로 사용하곤 했다.[88]

뉴욕시 보건 담당 감사관이었던 존 그리스콤John Griscom은 1842년, 뉴욕시의 위생 상태에 대해 비판한 보고서를 뉴욕 공동 위원회에 제출했다. 같은 해, 가난한 사람들의 환경 개선을 위한 뉴욕 협회가 설립되면서 미국의 공중보건 운동을 촉발시켰다.[89] 그는 《공기의 이용과 남용The uses and abuses of air》이라는 책을 통해 주택의 위생 문제를 해결하는 데 있어 빛과 공기의 중요성에 대한 연구를 발표했고, 인구 밀도의 악영향을 해결하기 위해 1인당 필요한 공기량을 건물 공간의 지표로 제안한 바도 있다.[90]

이러한 주택 문제가 결핵과 같은 전염성 질병과 연관성이 있다는 주장이 끊임없이 제기되었다. 결핵의 발생은 특히 뉴욕에서 흔했으며, 1864년 뉴욕시의 공중보건 위원회는 이 질병의 원인이 뉴욕과 브루클린에 있는 연립주택이라고 생각했다. 따라서 연립주택의 문제를 해결하면 도시의 결핵을 없앨 수 있다고 믿었다. 당시 연립주택은 한정된 공간에 많은 인원이 거주해야 했기 때문에 매우 협소했는데, 넓이는 12피트 반이 채 되지 않았고, 방 또한 매우 작게 설계되었다. 맨 위층에 살지 않는 한, 거의 빛을 받지 못했으며 날씨가 더워 사람들이 창문을 열면 아파트의 소음과 냄새에 노출되었다.[91] 미국 공중보건 전문가였던 헤르만 빅스Hermann Biggs는 뉴욕의 한 블록의 인구 3,688명 중 241명이 결핵 환자라고 보고한 바도 있다.[92] 1900년에는 미국 거주자 10만 명당 194명이 결핵으로 사망하였으며, 이들은 대부분 도시 지역 거주자들이었다.[93]

1901년에는 뉴욕 연립주택법이 통과되었는데, 이 연립주택법은 어둡고 통풍이 어려운 연립주택의 건설을 금지한 최초의 법률로, 이후 새로운 건물에는 바깥을 향해 창문을 내고 실내 욕실, 적절한 환기 구조, 화재 안전 장치를 갖출 것을 의무화했다.[94] 이러한 일련의 조치들이 취해진 이후에 결핵 사망률이 지속해서 감소하기 시작했다. 1850년대에는 폐결핵만으로 뉴욕 인구 10만 명당 약 425명이 사망했지만 첫 번째 항결핵제가 도입되기 직전인 1945년까지 사망률은 1850년대의 11%로 떨어졌다. 즉, 인구 10만 명당 46명이 사망했다.[95] 도시와 주거환경의 개선 그리고 공중보건에 대한 노력이 결핵 발생과 사망률을 낮추는 데 크게 기여한 것이다.

대도시가 위험하다

도시의 역사를 다시 거슬러 가보자. 수렵과 채집을 위하여 이동 생활을 했던 인류는 농업혁명을 기점으로 정주 생활을 시작했고, 적은 인구 단위로 모여 살던 정착지는 점차 더 많은 인구가 함께 모여 사는 정착지로 발전해갔다. 예를 들어 기원전 7000년 무렵 요르단강 서안의 도시 예리코에는 성벽을 쌓아 올려 정착촌을 보호했던 주거지가 존재했는데, 대략 2,500명 정도의 인구가 모여 살았을 것으로 추정된다. 기원전 4500년경에는 최초의 도시라고 할 수 있는 우루크가 메소포타미아 지역에서 생겨났다. 우루크에 모여 살았던 인구는 5만 명 정도로 추산된다. 이와 같이 많은 인구가 사는 도시로 성장한 것은 획기적인 발전이었지만, 아직은 단순히 성벽을 쌓고 사람들이 모여 사는 밀집 주거지였을 뿐이다.

기원전 2000년 무렵에는 최초로 신전을 세운 도시인 우르가 만들어졌다. 이 무렵부터는 신전을 중심으로 권위체계가 자리를 잡고 도시로서의 면모를 갖추기 시작했다. 우르에는 6만 명의 인구가 살았을 것으로 추정되며 대외적 교류 또한 활발했던 것으로 기록되어 있다. 이후 도시 국가를 넘어 제국으로 확장되기 시작하면서 수용하는 인구의 수는 기하급수적으로 증가했다. 기원전 430년경 전성기 시절 바빌론에는 20만 명의 인구가 살았으며, 로마에서는 서기 1세기에 1백만 명의 인구가 살고 있었다. 아시아 또한, 도시의 성장 과정이 다를 바 없었고 규모 면에서도 작지 않았다. 기원전 400년 중국의 장안에는 10만 명의 인구가 살고 있었으며, 서기 700년 무렵에는 인구 1백만 명이 거주하는 거대 도시가 되어 있었다.[96]

이와 같이 일부 도시가 거대화하기는 했지만 전 세계적으로 보면 도시 인구가 전체 인구 중에서 차지하는 비율은 높지 않았다. 3,000년 전까지 보면 인구가 5만 명을 넘는 도시는 전 세계에 고작 4개밖에 없었고 2,000년 전까지도 40개 정도의 도시만이 5만 명을 넘는 인구를 보유했다. 대항해 시기와 제국주의 시대를 거치면서 인구의 이동과 교류가 급격히 증가하고 사람들이 훨씬 더 많이 도시에 모여 살기 시작했지만, 19세기 초까지만 해도 도시 인구는 전 세계 인구의 5%에 불과했다. 그러다가 19세기 이후 현대사회로 들어서면서 도시화가 급격히 진행되었고, 현재는 도시 인구가 전 세계 인구의 50%를 넘어서는 놀라운 변화를 이루게 된 것이다.[7]

도시의 규모가 커지면, 도시의 정적인 요소와 동적인 요소 모두가 생산성을 증가시키는 데 기여한다. 정적 요소의 측면에서 보면 대도시는 더 많은 전문화와 더 많은 분업이 이루어지는 공간 그 자체만으로 생산성을 증가시킨다. 하지만 도시의 더 중요한 이점은 아마도 전문화나 분업이 가져오는 이점보다 도시로 모든 것이 집중되는 동적 요소에서 나올 것이다. 도시는 사업이 집중되는 활동의 중심지이기 때문에, 기술 진보의 핵심인 새로운 개념과 새로운 아이디어는 이러한 환경에서 탄생할 가능성이 높다. 도시의 역동성이 경제를 비롯하여 사회 전체의 급속한 발전을 이끌 수 있는 것이다.

실제로 큰 규모의 도시가 실질적으로 생산성이 더 높다는 것은 경험적으로 증명되었다. 도시 규모와 생산성 사이의 관계는 도시 크기가 생산성 자체를 높이거나 이미 더 생산적인 도시가 더 큰 규모로 성장하는 것을 통해 알 수 있다. 나아가 이러한 도시의 크기가 생산성에 유의미한 영향을 미친다는 경험적 증거는 생산성 향상을 위해 대도시로 성장하는 것이 필요함을 의미했다.[98] 이러한 배경 아래에 사람들은 점점 도시로 모여들게 되었고, 21세기에 들어서면서 전 세계에 1백만 명 이상이 거주하는 도시가 371개가 되었다. 이 도시들은 2018년까지 548개로 증가했으며, 2030년에는 706개에 이를 것으로 예측된다. 인구 천만 명이 넘는 도시를 '거대 도시'라 부르는데, 전 세계적으로 2018년의 거대 도시는 33개였고, 2030년에는 43개로 증가할 것으로 예상된다. 유엔은 2030년에 전 세계 인구의 8.8%에 해당하는 인구가 천만 명 이상의 도시에 살 것으로 예측했다. 이보다는 작지만 대도시라고 할 수 있는 인구 100만에서 500만 사이의 도시가 2018년 기준으로 467개였고, 2030년에는 597개로 증가할 것으로 예상된다. 이와 같이 도시 인구가 크게 증가할 것으로 예상되는 반면, 농촌 인구는 감소할 것으로 예상된다. 2018년에 시골 지역은 세계 인구의 45%를 차지했는데, 2030년에는 40%로 감소할 것으로 예상된다.[99]

이처럼 21세기 들어 더욱 가파른 속도로 인구는 도시에 모여 살게 되었고, 도시는 이전보다 훨씬 거대화하고 있다. 도시에 집중된 양질의 일자리와 사회기반시설들은 농촌에 있던 인구를 도시로 불러들이기에 충분히 매력적인 조건이었기 때문이다. 더욱이 도시에 인구가 밀집하기 시작하면서 생산성이 증대되었고 장점은 극대화되었다. 도시의 발전과 경제 성장의 중요 요인으로 언급되는 역동성이란, 인구의 밀집으로 형성되는 사람 간의 가깝고 잦은 상호작용을 의미한다. 그런데 역설적으로 이러한 직접적인 접촉의 증가는 도시를 전염병의 위험에 빠뜨린다. 과거 로마의 천연두, 파리와 런던의 콜레라, 미국의 결핵은 이러한 대도시의 위험성을 경고하는 것이다. 오늘날의 코로나 19 팬데믹은 이러한 문제를 더욱 드러내고 있다. 뉴욕과 런던, 파리 그리고 도쿄와 서울이 각 나라에서 가장 많은 환자가 발생한 도시인 것 역시 이러한 대도시의 위험성을 경고하는 것이다.

신종 바이러스, 팬데믹이 되다

1918년 독감 대유행으로 알려진 스페인 독감은 H1N1 인플루엔자 A형 바이러스에 의한 치명적인 감염병이었다. 이 바이러스 전염병은 당시 세계 인구의 약 3분의 1에 해당하는 5억 명의 사람들을 감염시켰고, 사망자는 5천만 명에 이르렀던 것으로 추정된다.[100] 사실 이미 독감이 미국을 비롯한 여러 지역에 널리 퍼져 있었는데, 1918년 4월 말, 스페인에 도달하고 나서야 "마드리드에 새로운 전염병이 나타났다"는 소문이 돌았다. 그리고 3개월이 지나서야 그리스에서 '스페인 독감'이라는 제목의 기사를 통해 이 독감의 이름이 공식화되었다.[101] 실제 스페인 독감의 기원은 이보다 훨썬 이전이었을 가능성이 크다. 1888년 9월 홍콩에서 발생한 전염병이 1889~1992년 러시아 독감 대유행으로 이어지면서 유럽 등 서구 국가들에도 전파된 것이 시작이었을 수 있다. 러시아 독감을 일으킨 H1N1 바이러스가 스페인 독감을 일으킨 바이러스와 같다는 면도 이를 뒷받침한다.

스페인 독감은 총 세 차례에 걸쳐 유행했는데, 1차 유행은 1918년 미국 캔자스주의 군 요리사의 사례를 시작으로 퍼져간 것으로 추정된다. 당시 1차 세계대전 상황에서 미군이 참전하면서 유럽으로 빠르게 번졌다. 4월에는 프랑스 항구 등에서 유행병이 시작되었고, 중순에는 유럽 내륙에 이르렀다. 5월에는 북아프리카, 인도, 일본에 이르렀고 6월에는 중국, 7월에는 호주에 도착한 이후 1차 유행이 잦아들기 시작했다. 1차 유행기에는 1차 세계대전 상황에서 수많은 군인들의 죽음을 초래해, 군사작전에 상당한 혼란을 일으키기도 했다.[102]

2차 유행은 곧바로 1918년 가을에 시작되었다. 2차 유행도 미군들로부터 시작하여 퍼져나갔다. 군대가 이동함에 따라 2개월에 걸쳐 북미 전역에 퍼지게 되었고, 1918년 9월에는 펜실베니아주 필라델피아에서 열린 퍼레이드에 참석한 사람들 사이에서 독감이 전파되면서 1만 2,000명이 사망하는 사건도 일어났다. 이후 브라질과 카리브해까지 무서운 속도로 퍼져나갔으며, 한편으로는 유럽을 거쳐 아시아에까지 도달하였다. 12월이 되자 대부분 끝이 났는

데, 1차 유행보다 더 치명적이었다. 2차 유행으로 인도는 2천만 명에 이르는 엄청난 사망자를 낳았고, 한반도에서도 만주를 통하여 전염병이 전파되면서 14만 명이 사망했다. 이후 끝날 것 같았던 스페인 독감은 1919년 1월, 3차 유행으로 다시 시작되었다. 이번엔 호주에서 시작했는데, 유럽과 미국을 통해 빠르게 퍼졌고, 멕시코, 스페인, 영국 등에 영향을 미쳐 수십만 명의 사망자가 발생했다. 2차 유행보다는 못하였지만 1차 유행보다는 훨씬 치명적이었다.[103]

이러한 전염병이 전 세계적으로 확산된 주요 요인은 현대적인 교통체계로 물류가 개선되면서 군인과 선원, 민간인을 통하여 전 세계 구석구석까지 빠르게 확산할 수 있었기 때문이다. 당시 세계대전에 참전했던 군인들이 전쟁에서 부상을 당하거나 화상을 입고 집에 돌아오면서 병원과 관련된 의료 인력들의 부담이 한계 상황에 달했던 것도 사망률을 높였던 이유였다. 또한, 이미 많은 수의 의사들이 군 복무 중이어서 민간 의사가 부족했다는 점도 혼란을 가중시켰다. 스페인 독감의 치명률은 일반적인 독감 바이러스와 달리 2~20% 비율이었기에 상당한 인구 감소를 가져왔다. 실제 스페인 독감으로 인한 5천만 명의 사망자는 1차 세계대전 전체의 희생자 수보다 더 많았다. 당시 스페인 독감은 인플루엔자 감염을 막아줄 백신이 없었고, 인플루엔자 감염과 관련 있을 수 있는 2차 세균 감염을 치료할 항생제도 없었기에 이에 대한 대응책도 격리,

검역, 개인위생, 마스크, 소독제 사용, 집합 제한 등일 수밖에 없었다.[104]

20세기의 두 번째 대규모 유행병은 스페인 독감 이후 40년 후에 관찰되었다. 이 독감 바이러스는 중국의 구이저우성 지방에서 야생 오리들의 돌연변이가 기존의 인간 균주와 결합한 데서 비롯되었다. 1957년 2월에 처음 보고된 이 바이러스는 윈난성에 퍼졌고 50만 명의 중국인을 감염시킨 후 1957년 3월에는 몽골과 홍콩을 타격했다. 4월에는 싱가포르가 그 뒤를 이었고, 5월 중순까지 아시아 전체가 감염됐다. 신종 인플루엔자 바이러스(H2N2)가 일으킨 이 독감은 '아시아 독감'이라는 별명을 얻게 되었다. 이 바이러스가 아시아로 퍼진 주요 요인은 항공 및 선박을 통한 전파였다. 이후 아시아 독감은 아시아를 넘어 9개월 만에 전 세계로 퍼졌고, 전 세계 사망자는 200만 명에 이른 것으로 추정된다.[105]

1968년 7월 홍콩에서 나타난 새로운 독감은 몇 달 만에 아시아와 러시아, 유럽, 아메리카로 전파되었다. H3N2 바이러스가 일으킨 이 독감은 '홍콩 독감'이라고 불렸고 전 세계 사망자는 80만 명으로 추정된다.[106] 사실, 치명률은 0.02~0.03% 정도로 낮았지만 감염률이 매우 높았기 때문에 급속히 세계적인 유행병이 되자 세계보건기구가 최초의 팬데믹 선언을 하게 된 독감이다. 홍콩 독감은 국제 항공 여행이 전염병을 급속도로 전 세계에 확산시키는 중요한 요인임을 보여주었다.[107]

1918년 스페인 독감, 1957년 아시아 독감, 그리고 1968년 홍콩 독감은 모두 지역적 확산을 넘어 전 세계로 퍼져간 팬데믹을 이루었다. 그리고 이렇게 전 세계적으로 전염되는 팬데믹 유행의 간격이 점차 짧아지고 있다. 사실 2000년 이후에만 해도 2002년 사스, 2009년 신종 인플루엔자, 2012년 메르스, 2019년 코로나 19 바이러스 감염증처럼, 신종바이러스는 더욱 자주 출현하면서 계속해서 인류를 위협하고 있다. 특히 조류 인플루엔자는 1957년 아시아 독감과 1968년 홍콩 독감과 같이 인간 바이러스로 변할 수 있다.[108] 사스, 메르스, 그리고 코로나 19는 모두 박쥐에게 서식하는 바이러스가 사향고양이, 낙타, 천산갑과 같은 중간 숙주 동물을 거쳐 사람에게 바이러스 감염증을 일으킨 것이다. 이렇게 보면 조류 인플루엔자 바이러스와 박쥐에 서식하는 코로나 바이러스가 현대 사회에서 팬데믹을 가져오는 두 가지 유형의 바이러스다. 이 신종 바이러스들에 대응할 획기적인 방안, 즉 백신이나 치료제와 같은 의학적 대응을 넘는 문명 수준의 전략이 없다면 앞으로도 계속해서 인류는 신종 바이러스 감염병으로 모든 것을 멈추어야 하는 순간들을 맞이할 것이다.

3장
도시가 만성질환의
온상이 되다

도시가 만성질환의
온상이 되다

도시의 생활양식이 문제다

질병의 변천을 살펴보면 도시화가 수반하는 생활양식의 변화와 도시가 갖고 있는 환경의 영향들이 건강상의 위험을 가중시킨 것을 알 수 있다.[109] 현대사회의 도시민들은 산업화로 인해 생활양식에 많은 변화가 있었고, 좌식 생활에 더 익숙해졌으며, 사람들로 밀집된 도시 안에 살면서 더 경쟁적이고 스트레스가 가중된 상황에 직면하고 있다.[110] 이러한 변화는 질병 양상의 변화를 초래한다. 즉, 도시화가 진행되면서 세균으로 인해 생긴 감염병에 의한 사망률은 줄었지만, 당뇨병, 고혈압, 심장질환, 암 등과 같이 만성적인 질병의 경과를 거치는 일련의 질환들이 지속적으로 증가하는 새로운 현상을 맞이하게 된 것이다. 20세기 초까지만 해도 세계적으로 사망을 일으키는 주요 요인은 폐렴, 결핵, 위장염이었고, 이 질환들이 전체 사망의 3분의 1을 차지했다. 그런데 21세기 초인 현재 주요 사망요인은 심장질환, 암, 뇌혈관 질환이고, 이들 질환이 전체 사망의 3분의 2를 차지한다.

이러한 질환들은 폐렴이나 결핵과는 달리 단일한 병원균이 아니라 원인 인자가 복합적이고 원인에 노출되었다고 해도 질병으로 발생할 때까지 상당한 시간이 걸리기 때문에 '만성질환'이라고 불린다. 또한, 발병 이후에도 바로 사망하거나 회복되지 않고 질병을 가진 채로 오랫동안 지내야 하는 질환들이다. 만성질환의 대표적인 예로는 고혈압, 관상동맥질환, 심부전, 뇌졸중 등을 포함한 순환기질환과 비만, 당뇨병, 암 등이 있다. 사실 오늘날 대도시에 사는 노령 인구 중 이러한 만성질환의 영향에서 완전히 자유로운 사람을 찾긴 어려울 것이다. 본인이 아니더라도 가족 중 만성질환으로 인해 거동이 불편한 사람이 있는 경우가 많고, 가족 또는 친구의 죽음이나 의료비 증가 같은 간접적인 고통을 경험할 가능성도 높다. 이러한 만성질환은 경제적으로 선진화되었고 도시화가 상대적으로 더 많이 진행된 경제협력개발기구 OECD 국가들을 보아도 문명의 발전과 상당한 관련이 있다는 것을 알 수 있다. OECD 국가들에서 15세 이상 인구의 3분의 1이 평균적으로 2개 이상의 만성질환을 앓으면서 살고 있는 것으로 나타나고 있기 때문이다.[111]

만성질환은 전염병과 같이 인류가 문명 시기에 들어선 이후에 발생한 질환이지만 전염병과는 아주 다른 요인에 의하여 생긴다. 전염병이 병원균에 의하여 초래된 질병이었다면 만성질환은 생활환경에 의하여 발생되는 질환이라고 할 수 있다. 그런데 생활환경이라는 독립적인 요인이 인체 내에서 질병을 초래하는 일방적인 역할을 하는 것이 아니라 인간이 가진 유전자와 생활환경이 서로 조화를 이루지 못하여 생기는 질환이다. 왜냐하면 현대의 생활환경은 과거, 특히 문명 전 수렵채집 시기의 생활환경과는 큰 차이가 있기 때문이다. 현대인의 생활양식을 보면 먹거리의 구성과 섭취하는 열량의 양이 크게 달라졌고, 과거에 비해 신체 활동량이 크게 줄었다. 또한 술과 담배 같은 새로운 생활습관이 생겼고, 과거와 달리 대기오염이나 환경 호르몬과 같은 화학물질에 노출되고 있으며, 훨씬 경쟁적인 사회적 인간관계 안에 놓여 있다. 이러한 생활환경의 변화 때문에 과거에는 정상이었거나 생존에 도움이 되었던 유전자가 이제는 오히려 질병을 유발하는 방향으로 작용하게 되었고, 이로 인해 당뇨병이나 고혈압, 동맥경화증 등이 발생하게 된 것이다. 특히 이러한 생활환경의 변화는 도시화가 진행되면서 만성질환의 발생률을 전례 없이 증가시켰다.

사실 도시가 문명을 이끌어감에 따라 도시가 늘어나고 보다 많은 사람들이 도시에서 사는 현대사회에서 만성질환은 전염병보다도 도시화와 더 밀접한 관련이 있다고 볼 수 있다. 전염병은 도시화에 수반되는, 교류와 교역에 의한 사람 간의 밀접한 접촉이 병의 전파에 주된 원인이 되어서 발생한다. 그리고 문명이 발전하면서 교류와 교역 역시 증가함에 따라 도시화와 함께 전염병은 인류를 계속해서 괴롭혔다. 반면에 만성질환은 도시화에 의하여 만들어진 생활의 조건이 먹거리를 변화시키고 신체활동을 줄이며 스트레스를 늘리는 등 생활환경 자체를 바꿈으로써 수렵채집 시기의 생활에 조응되어 있는 사람의 유전자가 충분히 적응하지 못하여 발생하는 질병이다. 따라서 도시가 심혈관질환, 당뇨병, 암과 같은 만성질환에 어떠한 영향을 주었는지를 이해하고, 미래의 도시가 갖추어야 할 생활환경이 이러한 만성질환을 효과적으로 관리할 수 있도록 설계하는 것이 중요하다.

도시 생활과 심혈관질환의 증가

현대 도시에 사는 사람들과 비교해보았을 때 과거 수렵채집 시기에 살았던 인류의 조상에게는 심혈관질환 등의 만성질환이 발생할 위험성은 매우 적었을 것이다. 예를 들어 호주에 사는 원주민들의 경우를 살펴보면, 전통적인 수렵채집 생활에서 현대인의 생활방식으로 생활환경이 바뀌었던 사람들에게서 비만과 당뇨병이 급격하게 늘어난 것을 알 수 있다. 지금도 현대 문명과 거리를 두고 살고 있는 호주 북부 전통 마을의 주민들은 대개 몸이 마르고 혈압이 낮다. 나이가 들어도 혈압이 높아지거나 체중이 늘지도 않으며 혈당과 콜레스테롤 수치도 낮다. 놀라운 사실은 현대인의 방식으로 생활환경이 바뀐 원주민도 전통적인 수렵채집 생활로 돌아가면 혈당이나 중성지방 수치가 떨어지고, 당뇨병을 일으키는 인슐린 저항성도 개선될 뿐만 아니라, 체중이 줄고 혈압도 떨어지는 현상이 나타났다는 것이다. 이들의 생활양식을 살펴보면 수렵채집인들처럼 신체활동을 많이 하는 한편 지방은 적고 식이섬유는 많은, 열량이 낮으면서도 영양 성분은 풍부한 음식을 섭취하는 것을 알 수 있다.[112]

이러한 사실들을 보면 수렵채집 시기에는 동맥경화증과 같이 심혈관질환을 일으키는 병리적 현상이 거의 없었다고 유추해볼 수 있는데, 결국 그 이유는 먹거리와 신체활동 등과 같은 생활환경이 현대 도시민의 생활환경과 크게 다르기 때문이다. 예를 들어 수렵채집인들은 채소와 과일 위주의 저열량과 저염분 식품을 주로 먹었으며 약간의 어류 등 수산식품과 가끔씩 사냥으로 얻은 육류를 먹는 생활을 했을 것이다. 또한, 수렵과 채집을 하기 위해 많은 신체활동을 해야 했다는 점과 문명 이후에 즐기기 시작한 술이나 담배 등에 노출되지 않았던 것도 심혈관질환이 거의 없었을 것으로 유추하는 중요한 이유다.

문명화 이후 시기 중에서도 전염병이 주로 문제가 되었던 산업혁명 이전에는 심혈관질환으로 인한 사망은 전체의 10%도 되지 않았고, 그것도 대부분 감염과 영양 부족 때문에 생기는 류머티즘성 심장병이나 심근병증이 주된 원인이었다. 그러다 산업혁명 이후 위생 상태가 개선되고 깨끗한 물의 공급과 함께 영양 상태가 좋아지면서 질환의 양상이 감염과 영양 부족으로 인한 것에서 점차 심혈관질환이 많아지는 쪽으로 바뀌어 갔다. 이러한 변화는 현대사회로 오면서 더욱 뚜렷해져서 현재 선진국에서는 심혈관질환이 전체 사망의 30% 이상을 차지하고 그중에서도 관상동맥질환이 가장 중요한 원인이 되고 있다. 그런데 선진국에서만 이런 변화가 나타나는 것이 아니라 사회경제적 수준이 낙후된 국가에서도 다소간의 시간 차이가 있기는 하지만 비슷한 변화를 나타내기 시작했다.

더욱 문제인 것은 상대적으로 개발이 뒤처졌던 나라들은 선진국보다 훨씬 짧은 기간 안에 압축적으로 변화를 경험하고 있다는 것이다.[113] 대표적으로 이러한 변화를 뚜렷하게 겪고 있는 나라가 한국이다. 예를 들어 한국전쟁 중에 사망한 미국인 병사와 한국인 병사를 대상으로 부검 조사를 시행한 결과, 미국인 병사의 77%에게서 동맥경화가 나타났지만 한국인 병사에게서는 이러한 변화를 거의 찾을 수 없었다.[114] 심혈관질환을 과거에 앓은 적이 없었던 경우만 조사했지만 미국인 병사는 젊은 나이에도 동맥경화증의 소견이 있었던 것이다. 반면 1950년 당시에 사회경제적 수준이 미국에 비해 크게 떨어지고 식생활 등 생활습관이 현대사회의 생활습관과는 크게 달랐던 한국인 병사에게서는 이러한 소견이 거의 발견되지 않았다. 하지만 오늘날 한국은 사회경제적 수준이 급격하게 높아지고 생활습관이 서구화되면서 심혈관질환이 크게 늘어나 현재는 한국인과 미국인 사이의 심혈관질환 발생률이 크게 차이 나지 않는다. 즉, 60년이라는 짧은 기간 동안 가속화된 생활환경의 변화가 한국에서 심혈관질환의 폭발적인 증가를 가져온 것이다.

동맥경화증이 발생하는 이유

심혈관질환을 일으키는 병리적 변화인 동맥경화증은 콜레스테롤이나 중성지방 같은 지방 덩어리가 혈관 내벽에 쌓여서 혈관 벽이 두터워지고 딱딱하게 굳어서 탄력을 잃은 상태를 말한다. 이렇게 혈관 벽 안에서 만들어지는 지방 덩어리를 '아테로마'라고 하는데 아테로마는 혈액 내의 저밀도 지질 단백질로 이루어진 콜레스테롤, 즉 LDL-콜레스테롤이 혈관 벽 안으로 들어가서 덩어리져 굳어지면서 만들어진다.[115] 이와 같이 LDL-콜레스테롤은 동맥경화증 발생에 매우 중요한 역할을 한다.

LDL-콜레스테롤은 산화 작용을 거치면서 혈관 벽에 붙기 쉬운 형태가 되는데 혈관 벽에 붙으면 이 LDL-콜레스테롤을 처리하기 위해 대식세포 같은 백혈구들이 동원되어 그것을 잡아먹는다. 그런데 백혈구가 LDL-콜레스테롤 덩어리들을 처리하는 데에는 한계가 있어서 계속 그들을 잡아먹게 되면 결국은 세포가 터지고, 터진 세포 밖으로 다시 나온 LDL-콜레스테롤은 또 다른 백혈구가 동원되어 잡아먹게 되는 것이다. 이러한 과정이 반복되면서 지방 덩어리가 혈관 벽 안에 쌓이게 되고 점차 혈관 벽이 두터워지면서 혈관 내의 직경이 줄어들게 된다. 따라서 아테로마는 기본적으로 LDL-콜레스테롤과 백혈구가 동원되는 염증 반응에 의해 형성되기 때문에 콜레스테롤, 특히 포화지방이 많은 음식을 섭취하거나 흡연이나 대기오염에 노출되는 등 혈액 내에서 염증 반응을 일으키는 경우에 잘 생긴다. 호흡을 통해서 폐에 들어가는 담배 연기나 오염된 공기가 동맥경화증을 발생시키고 심혈관질환을 일으키는 이유다.

아테로마가 커지면서 혈관 벽이 딱딱해지고 두터워지면 혈관의 탄력성이 떨어지고 혈관 내벽이 약해져서 작은 자극에도 터지기가 쉬워진다. 아테로마는 대개 혈관 벽 안에서 만들어지기 때문에 혈액과 직접 접촉하지는 않으나 혈관 벽이 약해져 터지면 혈액과 직접 접촉하게 되고 이렇게 되면 혈액이 굳어서 생긴 덩어리, 즉 혈전을 생성시킨다. 혈전이 관상동맥 안에서 만들어지면 동맥을 막아서 심근경색증과 같은 허혈성 심장질환을 일으키게 되는 것이다. 아테로마는 그 자체가 혈관 벽을 두꺼워지게 할 수 있고 또한, 터졌다 아물었다 하는 과정이 반복되면서 혈관을 좁게 만드는 역할도 하기 때문에 혈류량을 감소시켜서 협심증과 같은 심혈관질환을 일으킬 수도 있다.

동맥경화증을 초래하는 또 다른 중요한 요인은 동맥혈관 벽에 가해지는 압력이다. 고혈압, 즉 혈압이 높아지면 혈관내피세포가 지속적으로 압력에 의한 손상을 받기 때문에 염증 반응이 잘 일어나게 되며, 이러한 염증 반응은 아테로마를 커지게 해서 동맥경화증의 진행을 촉진시킨다. 한편 동맥경화증 자체의 변화가 혈관 벽을 두껍게 만들고 혈관을 좁아지게 해 혈압을 다시 상승시키기 때문에 고혈압과 동맥경화증은 서로를 악화시키는 악순환에 빠질 수도 있다.

동맥경화증을 일으키는 주된 요인인 LDL-콜레스테롤은 포화지방과 트랜스 지방에 많이 들어 있다. 포화지방은 소고기와 같은 육류에 많고 트랜스 지방은 쇼트닝이나 마가린과 같이 상업적으로 제조된 식품에 많이 들어 있다. 지방을 빼거나 줄이지 않은 우유로 만든 제품들 역시 포화지방이 많다. 따라서 우유를 비롯하여 우유로 만든 제품, 즉 마요네즈, 버터, 크림, 치즈, 요구르트 등과 달걀 노른자에는 LDL-콜레스테롤이 상당히 많이 들어 있다. LDL-콜레스테롤은 소고기, 돼지고기, 양고기 등에도 많은 양이 들어 있으며 이보다는 적지만 바닷가재, 조개, 굴, 새우 등에도 들어 있다. 특히 트랜스 지방은 상온에서 굳는 특성이 있는데 여기에도 상당히 많은 LDL-콜레스테롤이 들어 있다. 이러한 성질을 이용하여 상업적으로 제품화된 식품에는 LDL-콜레스테롤이 많이 들어 있는데, 이를테면 케이크, 파이, 쿠키, 도넛, 감자칩과 같은 가공 식품에 상당량 들어 있다고 볼 수 있다.

그런데 이렇게 LDL-콜레스테롤이 많은 음식은 과거 수렵채집 시기에는 구하기 어려웠다. LDL-콜레스테롤은 적은 농도 수준에서는 생존과 발달에 유리했기 때문에, 수렵채집 시기에는 작은 동물을 잡아먹거나 물고기나 조개 등을 통해 섭취한 LDL-콜레스테롤이 오히려 건강에 도움이 되었을 것이다. 또한, 이때는 심혈관질환이 나타나는 연령인 40대까지 생존하는 경우가 많지 않았기 때문에 당시에 섭취한 LDL-콜레스테롤은 질병을 일으키는 데 거의 영향을 주지 않았을 것이다. 문명 이후, 특히 산업혁명 이후에 LDL-콜레스테롤을 많이 함유한 먹거리가 도시에 사는 사람들의 식단을 차지하면서 심혈관질환이 급속도로 증가했다고 할 수 있다.

LDL-콜레스테롤 말고도 심혈관질환을 일으키는 중요한 원인은 염증과 관련된 요인들이다. 예를 들어 흡연은 염증을 초래하는 대표적인 요인이라고 할 수 있다. 흡연할 때 우리 몸 안에 들어오는 수많은 화학물질이 쉽게 기관지나 폐에 염증을 일으키고 이 염증 반응은 혈액 내로 들어가서 심장혈관 내의 동맥경화증을 촉진시키는 역할을 한다. 반면에 신체 활동, 그중에서도 특히 규칙적인 운동은 심혈관 기능을 개선하고 혈압을 떨어뜨려 심혈관질환의 위험도를 낮춘다. 특히 중년에 신체활동을 활발히 하는 사람은 나이를 먹으면서 생길 수 있는 동맥경화의 진행을 막거나 늦출 수 있어서 심혈관질환을 예방할 수 있다.[116] 유산소 운동이 근력 운동에 비해 혈압을 낮추고 동맥의 탄력성을 개선하는 효과가 더 크지만 근력 운동 역시 심혈관 기능을 개선하는 데 도움을 준다. 그런데 일상생활에서 현대 도시에 사는 사람들의 신체 활동량을 보면 먹거리를 찾거나 사냥을 위해 상당한 신체활동을 한 수렵채집인에 비하면 크게 부족하다고 할 수 있다. 우리의 신체는 수렵채집 시기의 신체 활동량에 최적화되어 작동하게 되어 있기 때문에 현대인의 부족한 신체 활동량으로는 심혈관계 시스템을 적절히 작동시키지 못한다. 결국, 현대사회의 도시 생활은 심혈관질환을 유발시키는 환경인 것이다.

건강하지 못한 도시의 생활환경

현대인들이 겪는 만성 스트레스는 아마도 문명 전 수렵채집 시기에는 없었을 것이다. 갑자기 맹수가 나타나서 사나운 이빨을 드러내면서 달려드는 위험과 같은 급성 스트레스를 일으키는 상황이 드물게 있기는 했겠지만, 오늘날의 현대인들처럼 일상생활에서 끊임없는 경쟁에 시달리지는 않았을 것이다. 정신적 스트레스와 염증 반응은 사실 거리가 있어 보이는 관계다. 그러나 스트레스란 외부의 자극에 대한 대응 반응이고 염증 반응은 이러한 대응 반응에서 발전한 것이므로 같은 뿌리에서 시작했다고도 볼 수 있다. 따라서 정신적 스트레스가 염증 반응 물질과 염증 세포들을 증가시킬 수 있다. 염증 반응의 증가는 동맥경화를 촉진시키기 때문에 현대인의 스트레스 증가는 심혈관질환 증가를 가져오는 주요 원인 중 하나라고 할 수 있다.[117]

최근 들어 여러 가지 질병을 초래하는 요인으로 밝혀진 대기오염물질은 우리가 숨을 쉬는 공기 중에 있는 작은 먼지와 가스들로 된 해로운 물질을 말한다. 그런데 대기오염이 건강에 끼치는 영향에 관한 많은 연구 결과들에서 심혈관질환의 발생에도 대기오염이 중요한 역할을 한다고 밝히고 있다. 크리스틴 밀러Kristin A. Miller 등은 미국의 36개 대도시 지역에 거주하는 사람들을 6년간 추적 조사한 결과, 공기 중 미세먼지의 농도가 입방미터당 $10\mu g$ 많아질 때 심혈관질환에 의한 사망률이 76%나 증가했다고 보고했다.[118]

대기오염물질이 심혈관질환 발생을 증가시키는 이유 역시 염증 반응을 일으키기 때문이다. 오염물질들이 몸 안에 들어오면 여기에 대항하기 위해 염증 세포들이 동원되는데, 염증으로 악화된 동맥경화증이나 혈관 내벽의 손상은 심근경색증과 같은 심혈관질환 발생 위험도를 높인다. 대기오염은 수렵채집 시기에는 말할 것도 없고 문명화 시기 이후에도 산업혁명 전에는 좀처럼 경험할 수 없었던 것이다. 산업화되면서 석탄과 석유 같은 화석연료를 사용했고, 이로 인해 공장에서 나오는 배출가스나 자동차에서 나오는 배기가스 등이 대기를 오염시키기 시작했기 때문이다.

도시민이 겪는 수면 부족 또한 심혈관질환 발생을 높이는 것으로 알려졌다. 특히 수면 시간이 6시간이 안 되고 깊게 잠들지 못하는 사람들에게 심혈관질환이 더 잘 생기는 것으로 나타났다.[119] 수면 부족 혹은 수면 장애가 심혈관질환을 초래하는 이유는 아마도 심장이 충분히 휴식을 취하지 못하고 에너지를 써버려서 심장의 회복 기능을 떨어뜨리기 때문일 것이다. 수면 문제 역시 밤이 길었던 산업혁명 이전에는 거의 없었던 문제다. 현대 도시 생활에서 형광등과 같은 인공조명 때문에 밤이 줄어들고 한편으로 스트레스가 많아지면서 깊은 잠을 충분히 자지 못해 발생한 문제인 것이다.

결국, 심혈관질환은 문명 초기부터 발생했다고 할 수는 있지만, 최근의 폭발적인 증가는 음식과 신체활동 측면에서 크게 달라진 현대인, 특히 도시민의 생활양식과 함께 산업혁명 이후 본격적으로 늘어난 흡연과 대기오염, 그리고 수면 부족과 스트레스와 같은 변화된 생활환경에 그 원인이 있다.

당뇨병의 대유행

당뇨병은 전 세계적인 유행 양상을 보이며 크게 증가하고 있다. 2011년에 3억 7천만 명이 당뇨병을 앓았는데 2030년에는 5억 5천만 명으로 늘어날 것으로 예측된다.[120] 주로 열량 섭취와 에너지 사용의 불균형 때문에 발생하는 당뇨병은 심각한 건강장애이지만 언제부터 인류가 당뇨병에 걸리게 되었는지, 그리고 당뇨병이 왜 발생하는지에 대해서는 잘 알려져 있지 않다.

당뇨병을 한마디로 설명하면, 우리 신체가 당을 이용하지 못하게 되는 병이다. 우리 몸의 모든 세포는 정상적으로 기능하기 위해서 에너지원으로 당을 필요로 한다. 이를 위해서는 당이 세포 내로 들어가야 하는데 당을 세포 내로 들어가게 하는 역할을 하는 것이 인슐린이라는 호르몬이다. 그런데 인슐린이 충분하지 않거나 세포가 인슐린에 반응하지 않으면 당이 세포 내로 들어가지 못하고 혈액 안에 쌓이게 된다. 그러면 결국 세포는 당을 이용하지 못하게 되고 혈액 내의 당, 즉 혈당이 높아지게 되는데 이것이 바로 당뇨병이다. 세포는 당을 사용하지 못하게 되면서 활용할 에너지가 없어져 굶은 상태처럼 되지만, 반면에 혈액 내의 당은 고농도가 되기 때문에 눈이나 신장, 신경, 심장 등의 기관에 여러 가지 합병증을 유발시킨다.

고대 이집트의 파피루스에 기록된 자료를 보면, 기원전 1500년 전에 '소변을 지나치게 많이 보는 병'이 기술되어 있다. 인도에서도 비슷한 시기에 당뇨병을 진단한 것으로 보인다. 인도의 의사들은 환자의 소변이 개미와 파리를 끌어들이는 것을 보고 '마두메하madhumeha', 즉 꿀 소변이 특징인 질환이라고 했다. 당뇨병 환자의 소변에는 당이 많이 배출되어 있기 때문에 이것을 이용한 진단이라고 볼 수 있다.[12] 이와 같이 문명의 초기 시대에 당뇨병에 대한 증거들이 나타나는 이유는 문명 시대에 접어들면서 수렵채집 시대와는 달리 지배계급 혹은 상류계층이 생겼기 때문이다. 그런 계급이나 계층에 속한 사람들 중 일부는 음식을 통해 고열량을 섭취하지만 에너지 사용은 낮아지면서 인슐린이 제 역할을 하지 못하는 경우들이 생겼을 것이다. 그러나 이와 같은 열량 섭취와 에너지 사용의 불균형이라는 문제를 생각하기 어려운 문명 이전의 수렵채집 시대에는 당뇨병이 중요한 질병이었다고 할 수는 없다.

2세기경 그리스의 의사였던 아레테우스Aretheus는 "당뇨병은 그리 흔한 병은 아니지만 살이 녹아서 소변으로 빠져나오는 무서운 병이다. 환자는 끊임없이 물을 마시고 소변은 열린 수도관처럼 계속 나온다. 물을 마시지 않으면 곧 몸이 마르고 갈증이 심해져서 결국은 사망하게 된다"고 생생하게 묘사한 바 있다.[122] 5세기에 들어와서 처음으로 당뇨병을 두 가지 유형으로 구분하기 시작했다는 증거들이 나타난다. 인도의 의사인 수슈루타Sushruta와 차라카Charaka는 당뇨병에 두 가지 유형이 있는데, 첫 번째 유형은 비교적 젊은 시기에 마른 사람에게서 생기고 또 다른 유형은 나이가 좀 들어서 뚱뚱한 사람에게서 나타난다는 것을 알게 되었다.[123] 즉, 이 시기부터 당뇨병에 두 가지 유형이 있다는 것을 이해하기 시작했고 현대사회에서 주로 문제가 되는 것은 두 번째 유형의 당뇨병이다.

하지만 당뇨병을 과학적으로 이해하기 시작한 시기는 16세기 이후라고 할 수 있다. 16세기 스위스의 파라셀수스Paracelsus는 당뇨병 환자의 소변을 증발시켜서 하얀 물질이 남는 것을 확인했다. 18세기에는 영국의 매튜 돕슨Matthew Dobson이 소변에 들어있는 이 물질이 당이라는 것을 밝혔으며, 또 환자들의 혈청에 당의 농도가 높다는 것을 발견했다. 이어서 토마스 콜리Thomas Cawley는 췌장을 다친 사람에게서 당뇨병이 발생하는 것을 관찰함으로써 췌장과 당뇨병의 관련성을 보고했다. 19세기에 소르본 대학의 생리학 교수였던 클로드 베르나르Claude Bernard는 여러 가지 실험을 통해 혈액 내에 당이 너무 많을 경우 당뇨병이 생긴다는 이론을 세우게 되었다. 이후에 여러 학자들의 노력에 의해 인슐린의 결핍이 당뇨를 일으킨다는 것이 밝혀지면서 췌장에서 분비되는 인슐린이 당뇨병 발생에 중요한 역할을 한다는 것을 이해하게 되었다.

인슐린 시스템의 기능 마비

당은 사실 인체의 가장 중요한 에너지원이다. 췌장에는 베타 세포가 있는데 이 베타 세포의 표면에는 글루트GLUT라고 하는 당을 인식하는 수용체, 즉 감지기가 있다. 이 감지기를 통해서 당이 혈액 내로 들어온 것을 알게 된 췌장의 베타 세포는 인슐린이라는 호르몬을 만들어낸다. 인슐린의 역할은 우리 몸에서 실제 에너지를 많이 사용하거나 저장하는 골격근이나 심장, 그리고 간과 지방 세포에 있는 인슐린 수용체와 결합하여 신호를 주는 것이다. 신호를 받은 세포들은 당을 세포 안으로 끌고 들어가 이용하게 하거나 당을 글리코겐이나 지방으로 저장하는 데 활용한다.

그런데 최근의 현대사회를 제외하고 수백만 년 이상의 기간 동안 당은 에너지원으로 매우 귀하고 중요했기 때문에 우리 체내에는 당을 잘 이용하기 위해 감지기 역할을 하는 베타 세포의 글루트 수용체가 상당히 많다. 이는 몸 안에 들어온 당을 조금도 놓치지 않고 활용하기 위해서다. 따라서 당분을 섭취하면 혈액 내의 당 농도가 높아지고 이는 베타 세포의 글루트 수용체에 신호를 주어 인슐린을 생산하게 한다. 이렇게 '혈당-베타 세포의 글루트 수용체-인슐린-세포의 인슐린 수용체'로 연결되는 시스템은 오랜 기간에 걸쳐 인류가 진화하면서 정교하게 갖추어진 것이다. 하지만 이 시스템의 목적은 어디까지나 부족한 당을 효율적으로 이용하기 위한 것이라는 데에 당뇨병을 발생시킬 수 있는 문제의 소지가 있다.

즉, 당이 지속적으로 넘치게 공급되는 상황은 이 시스템에 반영되지 못했던 것이다. 인류의 문명은 1, 2차 산업혁명이 마무리되고 선진국을 중심으로 물질적으로 풍요로운 사회가 되면서 당이 넘치게 공급되는 시대를 맞이했는데, 이는 지금까지의 혈당 이용 시스템으로서는 겪어보지 못한 새로운 환경이었다. 오늘날의 음식 섭취 양상을 보면 세포가 실제로 필요로 하는 것보다 더 많은 당을 공급하고 있는데 이렇게 지나치게 많이 공급되는 당을 혈당 이용 시스템이 감당하지 못하게 되면서, 거꾸로 위험 신호나 정지 신호를 보내 시스템의 작동을 방해하거나 멈추게 하는 역할을 함으로써 당뇨병을 일으키는 것이다.

세포 개별적으로 볼 때, 세포 자신이 사용할 수 있는 양보다 더 많은 당이 세포 내로 들어오면 세포 내부의 균형적인 환경이 깨지기 때문에 당이 더 이상 세포 내로 들어오는 것을 차단한다. 당이 세포 내로 들어가는 것이 차단되면 혈액 내의 당 농도는 더욱 높아지고, 이는 다시 췌장의 베타 세포에 있는 글루트 수용체를 통해 더 많은 인슐린이 만들어지게 해서 혈액 내의 당과 인슐린의 농도를 지속적으로 높이는 악순환을 일으킨다. 과도한 양의 인슐린이 세포의 인슐린 수용체에 지속적으로 작용하게 되면 세포는 인슐린의 과도한 신호를 완전히 차단하는 상태에 이르게 된다. 이렇게 되면 혈액 내에 당과 인슐린이 상당히 많이 있어도 세포 내로 운반되는 당의 양은 줄어들게 되는데 이러한 상태를 '인슐린 저항성'이 생겼다고 한다. 결국, 혈액 내의 당 농도가 높아도 세포 안으로는 들어가지 못해 세포는 에너지원인 당이 없어서 기아 상태에 빠지게 된다. 과도하게 인슐린을 만들어내던 베타 세포도 지쳐서 결국에는 그 기능을 잃고 수명이 다해 죽기 때문에 당뇨병이 악화되면 인슐린마저도 생산하지 못하는 심각한 상태에 빠지게 된다.

결국, 과다한 당 혹은 열량의 섭취는 인체의 혈당 이용 시스템을 마비시키므로 당뇨병을 초래하는 가장 중요한 이유다. 그런데 이러한 이유로만 당뇨병이 발생하는 것은 아니라는 연구 결과들이 나오기 시작했다. 최근에 발표된 논문들에 의하면 환경오염물질인 다이옥신이나 다염화비페닐 등에 많이 노출되면 당뇨병의 발생 위험도가 상당히 높아진다는 것이다.[124] 이러한 잔류성 유기화학물질이 우리 몸의 지방조직 등에 녹아 있다가 서서히 방출되어 인슐린 저항성을 초래하여 당뇨병을 발생시킨다고 설명하고 있다. 더욱이 몇 가지 특정한 화학물질만 인슐린 저항성을 가져오는 것이 아니라는 증거들도 나오고 있다. 예를 들어, 먹는 물을 통해 비소를 많이 섭취했을 때도 당뇨병의 위험도가 높아지고, 미세분진이나 벤젠 같은 대기오염물질 혹은 플라스틱 가소제로 많이 쓰이는 프탈레이트 같은 물질도 인슐린 저항성에 영향을 미쳐서 당뇨병의 위험도를 증가시키는 것으로 밝혀졌다.[125]

이 같은 사실은 현대 도시의 일상생활에서 노출되는 화학물질의 증가 역시 최근에 당뇨병 유행을 초래한 매우 중요한 원인일 가능성이 있다는 것을 시사한다. 사실 열량 섭취와 에너지 사용의 불균형이 당뇨병 발생의 결정적인 요인이라면 비만 유병률과 당뇨병 유병률은 서로 거의 일치해야 한다. 하지만 아시아인, 예를 들어 한국인의 비만 유병률은 미국인의 거의 10분의 1 수준인데 최근 한국인의 당뇨병 유병률은 미국인보다 오히려 높게 나타나고 있다. 이는 비만이 당뇨병의 중요한 원인이긴 하지만 비만으로만 당뇨병을 설명할 순 없고 당뇨병을 일으키는 다른 중요한 요인이 있다는 것을 시사하는 것이다. 한편 지난 수십 년간의 당뇨병 유병률 변화는 흥미롭게도 같은 기간 화학물질의 생산량 변화와 거의 일치한다. 또한, 현재 아시아 지역의 당뇨병 발생의 증가 속도는 미국이나 유럽보다 빠른데 최근 25년간 화학물질의 생산과 사용 증가 역시 미국이나 유럽보다 아시아 지역에서 두드러졌다.[126] 이러한 현상은 화학물질에 대한 노출 증가가 당뇨병 유행에 크게 기여한다는 것을 나타내는 것이며, 화학물질이나 대기오염 수준이 높아 건강하지 못한 도시 환경 자체가 당뇨병의 위험을 증가시킨다는 것을 뜻한다.

사실 환경오염물질이 왜 인슐린 저항성, 그리고 당뇨병을 초래하는지는 명확히 밝혀지지 않았다. 하지만 이들 화학물질이나 대기오염은 문명 이전은 말할 것도 없고 산업혁명 이전에도 인류가 거의 경험하지 못한 현상이다. 환경오염물질들은 우리 몸에 들어와 기본적인 산화-환원 반응들의 대사과정을 거치게 되는데, 이때 만들어지는 반응성 산소기reactive oxygen species가 세포에 산화 스트레스를 주게 된다. 즉, 환경오염물질에 대한 노출이 커지면 이에 대한 방어체계라고 할 수 있는 반응성 산소기 또한, 지나치게 많이 발생하여 췌장에서 인슐린 생산에 관여하는 베타 세포에 나쁜 영향을 주는 것으로 생각해볼 수 있다. 이렇게 본다면 고열량 섭취와 함께 수많은 화학물질에 노출되어 있는 오늘날의 인류, 특히 도시에 사는 현대인에게 인슐린 저항성의 증가, 즉 당뇨병 발생이 증가하는 것은 필연적인 결과일 수밖에 없다.

4장

생활환경이
질병을 일으킨다

생활환경이
질병을 일으킨다

암은 산업화 이후 증가했다

21세기에 들어선 지금 산업화된 대부분의 나라에서 전체 사망의
3분의 1이 암으로 인한 것이고 이 비율은 적어도 당분간은 줄어
들지 않을 전망이다. 그렇다면 문명 발생 이전에는 암이 어느 정
도로 사람들의 건강을 위협했을까? 화석을 토대로 과거에 암이
얼마나 발생했고 또 어떤 이유로 발생했는지를 알기는 무척 어
렵다. 뼈에 생기는 암이 아니고 부드러운 조직에 발생하는 암이
나 혈액암 같은 경우는 화석에서 증거를 찾을 수가 없다. 결국, 뼈
에 생긴 암이나 뼈로 전이된 암을 갖고 추정할 수밖에 없는데, 다
행스럽게도 유골 화석이 적지 않게 발견되었기 때문에 어느 정도
유추하는 데에는 무리가 없다. 그런데 유골 화석에 대한 많은 조

사에도 불구하고 유럽에서 발굴된 네안데르탈인의 화석에서 발견된, 수막종으로 추정되는 병변이 거의 유일하게 선행인류에게서 발견된 암이다.[127] 이처럼 유골 화석에서 암을 발견하기가 어렵다는 것은 과거에 암이 매우 드물었다는 것을 의미하는데, 이는 결국 암을 일으키는 원인이 문명화와 관련되어 있다는 뜻이다.

수렵채집 시기나 문명 초기에 암 발생이 적었던 이유는 암을 일으키는 주된 요인들이 당시에 없었기 때문이다. 따라서 오래전 인류의 조상이 살던 수렵채집 시기에는 암이 거의 존재하지 않았을 것으로 추정할 수 있다. 본격적으로 암에 대한 기록이 나타나는 시기는 18세기 이후다. 예를 들어 굴뚝 청소부에게서 생긴 음낭암이나 코담배 사용자의 비암 등이 그것이다. 흥미롭게도 당시 암에 대한 기록은 단순히 질병의 양상을 기록하지 않고 대신 특정 직업이나 환경 요인에 노출되어 암이 잘 발생하는 사람들을 기록한 것이 많다. 아마도 이는 이런 요인에 노출되지 않은 사람들은 암 발생이 매우 적은 데 비해 특별한 환경에 많이 노출된 집단에서는 특정한 암이 많이 발생했다는 것을 의미한다고 볼 수 있다. 즉, 대항해 시대와 산업혁명을 거치면서 다양한 직업이나 환경에 대한 노출이 전에 없이 많아졌고, 이러한 요인에 반복적으로 노출될 때 암이 발생했던 것이다.

암을 이해하기 위해서는 세포가 외부 환경의 자극에 반응하는 방식에 대해서 알 필요가 있다. 오늘날 동물의 몸을 구성하는 세포는 원래 단세포동물에서 시작해 다세포동물을 구성하는 세포로 오랜 시간에 걸쳐 발전해왔다. 이러한 발전과 진화 과정에서 각각의 세포들은 단세포동물이 갖고 있는 자기분열과 증식기전을 억제하면서 다른 세포와 조화를 이루는 방법을 터득해왔다. 세포가 모여 기관을 이루고 기관이 모여 개체를 이루면서 세포들은 대사를 느리게 하고 분열을 억제함으로써 다른 세포들과 모여 살 수 있는 방법을 갖게 된 것이다. 즉, 세포들 간에 서로 자기를 억제하고 상생하는 상호협력의 기전이 만들어졌다. 그런데 이러한 상호협력에 의한 억제기전이 풀려 마치 원시 상태의 단세포동물 수준의 분열과 증식을 하게 되면 암세포로 발전하게 된다.[128]

먼저 세포의 억제기전이 풀리는 이유부터 살펴보자. 세포는 외부 자극이나 바이러스의 침입을 받게 되면 스스로를 보호하기 위해 원시세포 시절부터 갖춰왔던 방어기전을 동원한다. 예를 들어 기온의 극심한 변화나 감염 등 여러 가지 외부 자극이 있을 때 '열 충격heat-shock' 단백질이 나와서 단백질 발현을 조절하거나 과량의 반응성 산소기가 만들어져서 외부의 자극이나 침입자에 대응한다. 그런데 세포의 이러한 방어기전은 방어 물질을 이용해 외부의 자극이나 침입자를 공격하는 것이기 때문에 주변 세포에게도 상당한 영향을 미친다. 즉, 주변에 있는 일부 세포는 다른 세포의 방어기전을 자신에 대한 공격으로 여기게 되어 조직 내에서 다른 세포와 조화롭게 지내는 환경이 깨진 것으로 인식하게 된다. 결국, 세포와 세포 간의 조화와 협력이라는 상호협력 기전이 깨져 더 이상 작동하지 않는 방향으로 진행하게 되는 것이다.

이렇게 인식이 변화된 세포는 자신의 유전자를 보호하고 증식시키기 위해 활동하기 시작한다. 마치 스스로를 억제하고 있던 자물쇠를 풀고 자유를 얻듯이 세포가 원시세포의 자생적 성장과 분열 능력을 회복하는 것이다. 그리고 한 번 평화 협정을 깨고 세포들이 자생적인 성장과 분열을 하게 되면 이를 되돌리기는 어렵다. 조직 수준 혹은 개체 수준에서 보면 이는 상호협력의 기전을 깬 '반역 세포'가 등장하는 것이고 우리가 암이라 부르는 질병이 생기는 것이다.

결국, 암은 외부 환경의 자극에서 시작된 세포의 반응이고, 이는 익숙하지 않은 새로운 환경에 대한 세포의 방어와 이를 자신에 대한 공격으로 인식한 주변 세포의 생존 전략이 동시에 작용하여 질병으로 나타나는 것이다. 익숙하지 않은 새로운 환경의 자극과 침입이 없다면 세포 간의 상호협력의 기전은 유지되고 암은 발생하지 않는다. 따라서 생활환경의 변화에 의해 새로운 자극과 침입이 넘쳐나는 현대와는 달리 외부의 자극이 적었던 수렵채집 시기에는 암이 거의 발생하지 않았을 것이다. 거꾸로 이는 미래사회의 도시 생활환경을 어떻게 만들어가야 할지를 시사한다.

암은 유전병인가?

암은 세포 내의 유전자에 결함이 생기거나 유전자가 정상적인 기능을 하지 못해서 생기는 질병이다. 유전자란 단백질을 만들어내서 세포가 기능하게 하고 이웃한 세포들과 사이좋게 지내도록 지침을 주고, 또 세포가 수명을 다하거나 손상을 받았을 때 스스로 죽게 함으로써 정상적인 상태를 유지하는 역할을 한다. 우리 몸에 있는 모든 세포는 이렇게 유전자의 지휘를 받으며 기능을 발휘하고 있는 것이다. 예를 들어 소화기관 세포들은 음식물을 소화하고 섭취하는 일을 하고, 간에 있는 세포들은 섭취한 영양분을 대사시키며, 근육세포들은 영양분을 이용해 몸이 움직이게 하는 기능을 발휘한다. 세포 내의 전체 유전자가 모두 똑같은데도 서로 다르게 기능하는 이유는 각 기관의 세포가 사용하는 유전자가 다르기 때문이다. 각 기관의 세포는 전체 유전자 세트에서 어떤 유전자는 활성화시켜서 그 기관의 고유 역할을 하게 하고 어떤 유전자는 불활성화시켜서 다른 기능을 못하게 하는 것이다.

그런데 이렇게 활성화된 유전자에는 세포의 분화와 조절에 관여하는 두 가지 암 관련 유전자, 즉 '암 유발 유전자'와 '암 억제 유전자'가 들어 있어서 중요한 역할을 하고 있다. 이 유전자들에 이상이 생기면 유전자가 지휘 기능을 상실하여 암이 발생할 수 있다. 암 유발 유전자는 세포의 성장과 분열에 관여하면서 각 세포가 원래 갖고 있는 기능을 하도록 조절하는 역할을 한다. 그런데 이 유전자에 돌연변이가 생기면 정상적인 조절 기능을 못하게 되어 세포가 제멋대로 자라서 암이 될 수 있다. 암 억제 유전자는 세포 분열 속도를 조절하고 손상된 유전자를 수리하여 때로는 세포가 스스로 죽도록 하는 역할을 한다. 이 암 억제 유전자에도 돌연변이가 생기거나 정상적으로 작동하지 못하게 되는 일이 생기면 세포는 통제를 벗어나서 암으로 발전할 수 있다.

특히 암 억제 유전자는 마치 자동차의 브레이크와 같다. 브레이크가 속도를 조절하면서 사고를 막는 것 처럼, 암 억제 유전자는 세포 분열을 조절하는 역할을 한다. 그런데 이 유전자에 돌연변이가 생겨 조절이 안된다면 제멋대로 세포분열을 하게 된다. 그렇게 되면 브레이크가 고장 난 자동차가 사고가 나듯이 암이 발생하는 것이다. 암 유발 유전자나 암 억제 유전자는 각각 돌연변이에 의해 활성화되거나 비활성화된다는 차이가 있지만 세포의 정상적인 조절 기능을 벗어나게 한다는 점에서 공통점이 있다. 조절을 벗어난 세포들은 다른 정상 조직에 파고들어 제 기능을 하지 못하도록 영향을 끼치고, 많이 생성되면 멀리 떨어진 기관이나 조직으로까지 퍼져 병을 일으키게 된다.

그런데 이런 유전자 돌연변이는 대부분 부모한테 물려받아 생기는 것이 아니다. 암은 유전자에 문제가 생겨서 발생하는 질환이지만 아주 일부를 제외하고는 부모로부터 물려받은 유전병이라고 할 수는 없다. 대부분의 유전자 돌연변이는 생활환경 속에서 발생하는 여러 요인들로 인해 발생하기 때문에 다음 세대로 전달되지는 않는다. 하지만 어떤 경우, 암 발생이 가족력에 의한 것이라고 볼 수 있는 경우들이 있다. 이는 그 가족이 특정한 유전자를 갖고 있어서 그 유전자가 부모에게서 자손으로 전달되기 때문일 수 있다. 하지만 이렇게 부모로부터 결함이 있는 유전자를 물려받아서 생기는 암은 전체 암 중의 5%도 되지 않는다.

유대인 중에서도 과거 동유럽에 뿌리를 두고 있었던 아슈케나지 유대인은 오늘날 미국 등 여러 나라에 퍼져 있는데 이들에게서 흔히 발견되는 BRCA1이나 BRCA2 유전자는 유방암과 난소암의 주요 원인 중 하나다. 이 유전자를 가진 가족은 유방암과 난소암의 발생 위험도가 다른 가족에 비해 5~10배 정도 높아진다.[129] 그러나 이 경우처럼 암 발생 위험도를 높이는 유전자가 부모에게서 후손에게 전달되는 현상은 일반적이라고 보기 어렵다. 오히려 매우 예외적인 사례라고 보는 것이 타당할 것 같다. 왜냐하면 대부분의 암에서 이렇게 암 발생 위험도를 크게 증가시키는 유전자를 찾기는 어렵기 때문이다.

암을 일으키는 생활환경 요인들

암은 주로 현대인의 생활환경 속에서 노출되는 여러 가지 요인, 즉 흡연, 식습관, 호르몬, 그리고 스트레스 때문에 발생하는 것으로 알려졌다. 이런 생활환경 요인 외에 암 발생을 초래하는 주요한 요인이 나이가 드는 것이다. 왜냐하면 나이가 들수록 유전자의 결함 혹은 변이가 생길 확률이 높아지고 또한, 결함 유전자를 제거하는 능력도 떨어지기 때문이다. 대장암은 30세 이전에는 드물지만 40세 이후에는 급격하게 증가한다. 위암이나 전립선암과 같이 대부분의 다른 암들도 나이가 들수록 증가해 대개 70세 이후에 정점을 이룬다. 따라서 최근에 크게 늘어난 수명의 증가가 암 발생의 중요한 원인이라고 볼 수 있다.

암의 원인 중에서 적절히 대비할 경우 예방 효과를 가장 크게 볼 수 있는 것 하나를 고르라면 당연히 흡연이다. 흡연은 전체 암 발생의 30% 정도를 차지할 만큼 중요한 원인이다. 1982년에 미국의 보건장관Surgeon General은 "흡연은 암 사망을 일으키는 가장 큰 원인"이라고 선언했고 이후 담뱃갑에는 흡연이 건강을 해친다는 경고문이 붙게 되었다. 흡연함으로써 노출되는 발암물질이 수백 가지에 이르기 때문에 흡연은 특정한 암을 일으킨다기보다는 각종 다양한 암을 일으킨다고 보는 것이 타당하다. 물론 그중에도 흡연 시 담배 연기에 가장 많이 노출되는 폐와 기관지 등의 호흡기 계통에 암이 발생하기 쉽다. 폐암은 85% 정도가 흡연 때문에 생긴다. 인류가 담배를 피운 역사는 5,000년 정도지만, 대항해 시대 이후에 아메리카 신대륙에서 유럽으로 건너가면서 담배가 퍼졌기 때문에 본격적으로 인류가 담배에 노출된 기간은 몇백 년에 불과하다. 문명화 이전 시기 선행인류는 아예 담배를 접한 적이 없기 때문에 오늘날 암 발생의 가장 중요한 요인이 과거에는 없었던 것이다.

식습관이나 운동 부족은 암 발생과 얼마나 관련이 있을까? 현대인, 특히 도시에 사는 사람들의 만성질환 대부분이 과거와 달라진 생활양식 때문에 생겼다고 본다면 암 역시 식습관과 운동 부족에 의해 발생하는 것은 아닐까? 실제로 많은 연구에서 육류, 특히 붉은색 살코기를 많이 섭취하거나 식물성 음식을 덜 섭취하고 정제된 곡물을 주로 섭취하는 식생활과, 운동 부족, 좌식 생활 등 신체 활동량이 적은 생활 습관을 가진 경우에 암 발생이 많아진다고 보고하고 있다. 특히 최근에 급격하게 늘어나는 대장암이나 유방암과 같은 경우는 이러한 생활 습관과 관련이 높다.

한편 이런 생활 습관은 비만을 초래하는데 비만 자체가 대장암이나 유방암 등을 초래한다는 연구들도 많이 보고되고 있다. 이러한 식습관과 신체 활동량은 문명 이전 시기의 생활양식과는 크게 다르며 문명화 이후라 하더라도 최근 몇십 년 동안에 급격하게 변화된 생활양식이다. 따라서 육류 섭취는 크게 제한되었고 주로 식물성 음식에 의존했으며 오늘날의 쌀이나 밀과 같은 곡물도 없었을 뿐 아니라 정제되지 않은 알곡 그대로 섭취하던 과거 수렵채집 시기에는 음식 때문에 암이 생겼다고 볼 수 없다. 또한, 수렵과 채집을 위해 끊임없이 신체적 활동을 해야 생명을 유지하고 자손을 양육할 수 있는 환경에서는 운동 부족에 의한 암 역시 생길 수가 없었을 것이다.

한편 호르몬은 인체의 각 세포와 조직 그리고 기관 간의 기능을 조절하고 수행하게 하는 신호 전달 시스템이다. 호르몬은 인체 내부의 고유한 화학물질이라고 할 수 있는데 산업혁명 이후에 크게 늘어난 화학물질들은 호르몬의 정상적인 작동을 방해할 수 있다. 또한, 현대인의 식생활은 에스트로겐과 같은 호르몬 자체의 분비를 증가시키기도 한다. 그런데 호르몬은 세포의 기능을 조절하는 역할도 하기 때문에 호르몬 작용에 방해를 받거나 호르몬 분비가 증가하면 세포가 비정상적인 역할을 하거나 통제를 벗어난 성장을 할 수 있게 된다. 예를 들어 에스트로겐에 대한 수용체가 많아서 에스트로겐의 영향을 많이 받는 유방이나 자궁 같은 조직의 경우, 에스트로겐의 정상적인 작용이 방해를 받거나 에스트로겐이 많이 분비되면 암이 발생하기 쉬워진다. 따라서 호르몬에 영향을 받는 암의 증가도 현대사회의 생활양식에서 초래되었다고 볼 수 있다.

오늘날 도시의 일상생활에서 사용하는 많은 화학물질 및 생활용품들은 인류의 조상에게는 익숙하지 않은 새로운 환경적 노출이기 때문에 세포의 입장에서는 이를 새로운 외부 환경 자극으로 받아들여 대응할 수가 있다. 국제암연구소에서 암을 잘 일으키는 물질로 분류한 항목을 보면 비소, 석면, 벤젠, 크롬, 니켈, 유리규산, 염화비닐 등이 있다.[130] 이런 것들은 문명화 이전에는 사람들에게 전혀 노출되지 않았고 문명화 이후에도 현대사회에 들어선 비교적 최근에 노출된 물질들이다. 영국의 맥스웰 파킨Maxwell Parkin은 그동안 학계에 보고되었던 연구 자료 등을 바탕으로 암을 일으키는 것으로 확인된 주요 생활 습관과 환경적 요인들을 정리해 보고했다.[131] 그가 정리한 암 발생 요인들로는 흡연, 음주, 비만, 운동 부족, 방사선, 직업적인 노출, 환경호르몬 등이 있으며 이와 함께 채소와 과일, 섬유질 등의 섭취 부족, 그리고 과다한 붉은색 살코기와 염분 섭취 등의 식습관이 포함되어 있다. 그런데 이러한 생활 습관과 환경적 요인들은 대부분 현대 도시의 생활환경과 관련이 깊다. 따라서 암은 이러한 생활 습관과 환경적인 요인들을 변화시키거나 제거함으로써 예방이 가능한 질환이라고 할 수 있다.

면역질환이 늘어나는 이유

사실 우리의 생활 주변을 돌아보면 어떻게 우리가 병에 걸리지 않고 살고 있는지 놀라울 정도로 우리는 많은 미생물에 둘러싸여 있다. 이러한 미생물로부터 우리를 보호하기 위하여 만들어진 것이 면역체계다. 면역체계는 병원균이나 이물질이 우리 몸에 들어올 때 이를 무력화시키는 세포, 항체, 그리고 염증 유발물질 등의 방어기전이다. 방어를 하기 위해서 면역체계는 기본적으로 자신과 자기 자신이 아닌 타자를 구분하는 것을 시작한다. 타자가 자신으로부터 구분되어야 그것이 안전한지 아니면 위험한지를 감지할 수 있고, 또 위험하다면 그 위험으로부터 자신을 방어해야 하기 때문이다. 면역은 대부분 미생물의 침입을 막기 위해서 만들어졌다고 볼 수 있는데, 미생물이 갖고 있는 특정 부분을 인식하여 자신으로부터 미생물을 구분함으로써 방어기제가 시작된다. 예를 들어 코로나 19 바이러스에 감염되면 면역체계가 바이러스의 돌기에 존재하는 특정 구조를 인식함으로써 균이 침입했다는 것을 인지하게 되고 이후 생체방어기전을 활성화하게 되는 것이다.

균이 침입했다는 것을 알아차리면 균을 잡아먹는 대식세포가 T세포나 B세포에 정보를 전달하여 대응체계를 마련하게 되는데, T세포는 침입한 세균이나 바이러스를 직접 처리할 수 있도록 세포독성 T세포로 분화하고, B세포는 침입한 균의 정보를 이용하여 이를 막을 수 있는 항체를 만들어내는 형질세포로 분화한다. 이렇게 분화된 T세포나 B세포는 침입한 세균이나 바이러스가 활동하지 못하게 할 뿐 아니라 이러한 균 정보가 세포 내에 기억되어 있어서 나중에 다시 이러한 균이 들어와도 이를 막아낼 수 있는 능력을 갖게 되고, 이러한 능력을 갖춘 상태를 면역이 생겼다고 한다.

면역체계는 외부 병원체의 침입에 대항하기 위하여 정교하게 구축된 방어체계를 갖추고 있지만 면역체계 자체가 끊임없이 변하는 공격과 방어의 과정에서 안정성을 잃어버리고 정상적인 기능을 발휘하지 못하는 경우들이 생긴다. 이러한 면역체계의 교란에 의하여 생기는 질병이 알레르기성 질환과 자가면역질환이다.

이와 같은 면역 교란 질환은 나와 공생의 관계를 이루는 생태계와의 관계가 정상적으로 성립되지 못하고 나의 아군과 적군을 구분하는 데 혼란이 생겨서 발생하는 것이다.

사실 인체를 구성하는 세포들은 하나의 개체를 이루지만 서로다른 세포들이다. 이러한 세포들은 서로가 같은 편이라는 표지자들을 갖고 있고, 이를 이용하여 면역체계의 작동을 억제한다. 마치전쟁 중인 군인들이 아군과 적군을 구분하기 위한 표식기를 이용하여 아군끼리의 공격을 막는 것과 같다. 그런데 이러한 표식이 없어지거나 표식이 있어도 인식하지 못하게 되면 혼란을 겪게 되고아군을 공격하는 일이 생기는 것이다. 이렇게 자신과 타자를 인식하는 시스템이 혼란을 겪어 외부 물질에 지나치게 반응할 때 알레르기 질환이 나타나는 것이다.

따라서 알레르기성 질환은 외부의 이물질이 우리 몸 안에 들어오거나 접촉했을 때 과도하게 이를 방어하여 생기는 질환이다. 대개 꽃가루, 곰팡이, 먼지와 같이 그 자체의 독성이 크거나 심각한감염을 일으키는 물질은 아니어도 알레르기 반응을 심하게 일으킬 수 있다. 이러한 반응은 우리 몸 안에 외부 물질에 대해 인지하고 방어하는 체계가 충분히 성숙하지 못하여 약간의 자극에도 과도하게 반응해서 생기는 것이다. 알레르기성 비염이나 천식 또는아토피와 같은 질환들은 이렇게 미성숙한 면역반응체계에 원인이있다. 외부 침입체에 대한 면역반응을 적절하게 제어하지 못하기 때문에 발생하는 것이다.

한편, 자신과 외부의 병원체를 구분하지 못하고 자신의 세포에 대한 항체를 만들어 공격하는 경우가 생기기도 하는데 이러한 경우 자가면역질환을 일으킨다. 정상적인 기능을 하는 세포를 공격함으로써 그 세포의 기능이 떨어져서 질병이 생기는 것이다. 예를 들어 적혈구에 대한 자가항체가 생겨서 적혈구에 붙어서 세포를 파괴시키면 용혈성 빈혈이 생기고, 신경과 근육이 연결된 부분에 있는 아세틸콜린 수용체에 대한 자가항체는 신경신호를 전달하지 못하게 막음으로써 중증근무력증을 초래한다.

자가면역질환을 모두 합치면 선진국에서는 암과 심장질환 다음으로 많은 질환이다.[132] 또한, 대부분의 자가면역질환의 발병률이 최근 들어 크게 증가하고 있다. 자가면역질환이 발생하는 기전으로 최근에 중요하게 인식되고 있는 요인은 대장상피세포 사이에 생기는 틈이다. 대장상피세포는 촘촘히 연결되어 있으나 세포 간에 틈이 있고 이 틈을 통하여 필요한 영양소가 들어오고 또 불필요한 물질들이 배출되는 역할을 하는데, 이러한 틈이 유전적으로 크거나 또는 스트레스로 대장세포가 손상되면 이러한 틈이 벌어져서 외부의 불필요한 물질들도 쉽게 몸 안에 들어가게 된다.

또한, 대장에 정상적으로 공존하고 있는 미생물이 식생활 변화나 항생제의 사용 등에 의하여 교란되면 질병을 일으키는 세균이나 독성을 가진 미생물이 증식하게 되고, 이는 또한 대장상피세포 사이의 틈을 넓히는 역할을 한다. 한편 가공식품이 많아지면서 과거에는 인식하지 못했던 새로운 물질들이 대장세포의 틈으로 들어오면서 면역체계가 교란되기도 하는데, 이로 인하여 자신과 타자를 구분하는 능력이 저하되고 인체를 구성하는 자신의 세포에 대한 면역반응이 나타나게 되는 것이다. 대장세포의 틈이 생겨서 위장관 방어벽이 손상되면 세균 항원이 그 틈 사이로 혈액에 있는 면역반응체계를 활성화시키기 때문에 세균 항원에 대한 면역반응이 일어나서 크론병이나 궤양성 대장염 같은 염증성 장질환을 유발할 수도 있다.

사실 자신과 타자를 구분하는 것은 간단한 것 같지만 그렇지 않다. 왜냐하면 우리 몸에 침입하여 번식함으로써 생존을 이어나가려는 병원체는 자신과 타자를 구분하는 감시망을 뚫고 들어와 방어체계를 무력화시키려는 노력을 지속적으로 하기 때문이다. 결국, 감시망을 정교하게 유지하려는 노력과 이를 뚫고 들어오려는 병원체의 무력경쟁이 오늘날의 면역체계를 만들었고, 이는 현재에도 계속적인 변화의 과정 중에 있다. 그렇게 보면 면역체계는 각 생물체의 생존을 위한 방어체계이고, 각 생물체 간의 적응이 완전히 이루어져 평화적인 공존이 가능해질 때까지 공격과 방어의 싸움은 지속될 것이다. 면역기능은 사실 매우 정교하게 얽혀져서 균형과 조화에 의하여 작동되는 시스템이다. 따라서 단순하게 면역기능을 증진시킬 수 있는 방법을 찾기는 어렵다. 그럼에도 불구하고 몇 가지 요인들은 면역기능에 상당한 영향을 미치는 것으로 밝혀지고 있다.

예를 들어 나이가 들거나 기저질환이 있거나 영양이 부족할 때, 그리고 스트레스를 많이 받을 때 면역체계가 약화된다. 코로나 19 팬데믹에서 젊은 성인의 경우 코로나 19에 걸려도 심각한 결과를 초래하지 않지만, 노인들은 증상이 심해져서 병원에 입원하거나 혹은 사망에 이르기 쉽다는 것이 알려졌다. 또한, 영양부족이나 비타민이 결핍되면 면역기능이 상당히 저하되며, 스트레스를 많이 받거나 우울이나 불안 증상이 있을 때에도 면역기능이 억제된다. 한편 적절한 강도의 운동이나 신체활동을 규칙적으로 하고 면역기능을 높여주는 음식을 먹으면 나이가 들어도 면역기능을 회복하거나 유지할 수 있다. 예를 들어 채소, 콩, 견과류, 씨, 통곡물을 자주 먹고 요구르트와 같이 장내 미생물 환경을 개선하는 음식, 그리고 오메가3와 같이 염증을 가라앉히는 음식 등의 섭취를 늘리는 것이 큰 도움이 된다. 즉, 인간이 섭취하는 음식에 따라서 장내 세균의 분포가 달라질 수 있고, 이는 결국 면역반응을 나타내는 데 큰 영향을 미칠 수 있다는 것이다. 이처럼 현대인의 식생활은 장내 세균 분포에 영향을 주어 알레르기성 질환의 발생 증가에 중요한 역할을 했을 것이다. 결국, 면역기능을 개선하기 위해서는 현대사회의 생활환경과 습관을 개선해야 한다.

오히려 깨끗한 환경이 질병을 초래한다

최근에는 '위생가설'이라는 새로운 의견이 주목을 받고 있다. 이 가설은 천식과 같은 알레르기 질환이 아주 어렸을 때 세균에 노출되지 않은 깨끗한 환경에서 자랐기 때문에 면역기능이 성숙하지 못해 생긴다는 이론이다. 세균은 피부에 염증을 일으키거나 기관지를 자극해 천식과 같은 알레르기 질환을 악화시킬 수 있는데, 어떻게 어렸을 때 세균에 많이 노출되면 천식이 잘 발생하지 않을 수 있느냐고 의문을 갖는 사람들도 있다. 하지만, 많은 연구에서 병원균이 아닌 일반세균에 노출되면 알레르기 질환 예방의 효과가 있다고 보고되고 있다.

사실 우리 주변에 흔히 있는 대부분의 세균은 인간과 공존해 오면서 감염력이 매우 약해진 상태이기 때문에 면역반응을 일으키는 정도의 자극을 주기는 해도 질병을 일으키지는 않는다. 마치 독성을 약화시킨 세균을 이용해 예방 접종을 하는 것과 같다고 볼 수 있다. 이러한 세균들은 우리의 면역체계를 성숙시켜서 외부에서 들어오는 여러 물질에 대응할 수 있도록 돕는 역할을 한다. 그런데 항균제, 세정제 등을 사용하면서 생활 주변에서 세균이 적어지게 되면 세균이 면역기능을 자극해 면역체계를 성숙시키는 기회를 얻기 어렵게 된다. 특히 면역체계를 성숙시켜야 하는 생후 1년 이전의 시기에는 적절하게 주변에 일반세균이 있는 것이 매우 중요하다. 세균뿐 아니라 기생충 역시 감염이 되면 천식을 막는 효과가 있는 것으로 알려져 있다. 따라서 오늘날 우리는 생활환경을 청결히 함으로써 세균이나 기생충을 없애서 감염성 질환은 줄였지만, 반대로 천식과 같은 알레르기 질환은 오히려 증가시켰는지도 모른다.

분명한 것은 지난 몇십 년 동안 대부분의 나라에서 생활환경의 위생 수준이 크게 향상되었다는 것이다. 사람들은 보다 깨끗한 환경에서 생활하게 되었고 오염되지 않은 물과 음식을 먹게 되었다. 위생용품은 어디서나 구매할 수 있고 화장실, 부엌 등은 세균이 번식하지 않게끔 청결하게 관리한다. 특히 어린이들이 생활하는 공간은 더욱 위생적으로 관리하려는 노력을 기울인다. 그리고 이러한 위생 수준의 향상으로 인하여 세균에 의한 감염성 질환이 감소되고 사망률 또한, 크게 줄어든 것이 사실이다.

그러나 위생 수준의 향상이 새로운 문제를 일으킬 거라고는 그 누구도 상상하지 못했을 것이다. 사실 위생 수준의 향상이란 사람들이 오랫동안 적응해왔던 미생물의 환경에서 크게 벗어나게 된 것을 의미한다. 그렇게 변화한 환경은 새롭게 그 환경에 적응할 때까지는 건강에 위협이 될 수 있다. 감염성 질환을 일으키는 병원균은 전체 세균 중 아주 일부에 불과하다. 사실 병원균이 아닌 세균은 건강에 해가 되지 않을 뿐 아니라 신체에 매우 유익한 역할을 하는 경우도 많다. 장내 유산균이 모두가 아는 대표적인 균일 것이다. 그런데 병원균을 없애기 위해 사람과 서로 적응해왔던 일반균까지 없애버리기 시작하면서 '사람과 세균의 공존 체계'가 크게 변화하게 된 것이다.

특히 현대사회의 도시에서는 위생관리에 더욱 철저했기 때문에 생활환경 속에서 일반세균의 수가 줄어들어서 사람에게 적절한 면역 자극을 주기 어렵게 되었다. 이는 사람들의 기본적인 면역체계를 흔들었고 결국 과거에 비해 면역체계가 성숙하는 데 더 많은 시간이 필요해졌다. 특히 면역체계가 성숙하지 못한 어린이들은 새롭게 늘어난 외부 화학물질의 자극에 제대로 대응할 수 없게 되었고, 이러한 대응체계의 미성숙이 천식과 같은 알레르기 질환으로 나타났다고 할 수 있다.

노화가 새로운 문제로 등장하다

전 세계적으로 노인 인구의 수가 모든 젊은 연령층의 인구 수보다 빠르게 증가하고 있다. 2030년쯤에는 세계적으로 노인 인구 수가 10세 미만 인구 수를 넘어설 것으로 예상되고, 2050년에는 10~24세의 청소년 및 청년보다 많아질 것이라는 전망도 나오고 있다. 80세 이상의 세계 인구는 2017년부터 2050년 사이에 1억 3,700만 명에서 4억 2,500만 명으로 세 배가 될 것으로 전망된다. 2017년에는 전 세계 인구 8명 중 1명이 60세 이상이었지만, 2050년에는 5명 중 1명을 차지하게 되는 것이다.

노화 현상은 모든 사람에게 나타나지만 특히 나이가 들면서 체중이 줄고 쉽게 지치고 근력이 약화되는 상태를 노쇠Frailty라고 한다. 노쇠가 나타나는 비율은 65세 이상 노령 인구 중 14%에 해당하지만, 85세 이상만을 보면 30%를 넘는다. 노쇠의 원인은 노화 과정을 거치면서 뇌와 심장, 그리고 근육 등 주요 기관의 기능이 크게 떨어지는 데 있다. 나이가 든다는 것은 기본적으로 뇌나 심장, 근육세포와 같이 더 이상 새롭게 분열하여 생성되지 않고 오랫동안 살아 있는 세포, 즉 분열 후 세포로 이루어진 기관이 점차 기능을 잃어가는 현상이라고 볼 수 있다. 이러한 변화들이 직접적으로 사망을 초래하지는 않는다 하더라도 일부 노인들의 경우 정상적인 생활을 하기 어려울 정도로 허약해진다. 사실 노쇠는 질병과 분명하게 구분되지 않는다. 노쇠한 사람들은 넘어져서 골절되기 쉽고 잘 움직이지 못하고 의존적일 뿐 아니라 질병에 걸리거나 사망하기도 쉽기 때문이다. 따라서 노쇠한 사람들에게는 상당한 의료적 관리가 필요하므로 노쇠한 사람들이 늘어나면 이로 인해 사회가 져야 하는 재정적 부담도 커지게 된다.[133]

건강한 노화의 개념이 사용되기 시작한 것은 수십 년 전이지만 아직도 정확하게 무엇이 건강한 노화인지에 대해서는 잘 알려져 있지 않다. 노쇠라는 개념도 비교적 최근에 많이 사용되고 있지만 건강한 노화와 어떻게 구분되는지 분명하지 않다. 사실 이분법적으로 나누어지는 개념이라기보다는 노화 현상의 스펙트럼에서 건강한 쪽에 비해 그렇지 못한 쪽을 표현하는 개념이라고 보는 것이 더 맞을 듯하다. 실제로 나이가 들어갈수록 건강한 인구에서 노쇠가 나타나는 인구가 늘어나기 때문에 건강한 노화와 노쇠는 나이가 들면서 생기는 변화의 개념으로도 볼 수 있다.

노화는 수명이 늘어나는 것과 밀접한 관련이 있다. 우리 몸에 있는 생체시계에는 수명의 기간을 성숙과 노화 단계로 나누는데, 수명이 늘어나면 두 단계 모두 기간이 늘어난다. 노화 단계란 성숙 단계에서 얻어진 기능과 능력을 갖고 살아가는 기간이라 할 수 있는데 성숙 단계에서 얻은 기능과 능력이 많아지면 이를 사용하는 기간도 길어지는 것이다. 따라서 수명이 100세까지 증가하면 노화가 시작되는 시점이 늦어지고, 또한, 노화되어 사망에 이르는 기간 역시 늘어날 것이다.

평균 수명이 80세 정도인 요즈음과 50세에 불과하였던 때를 비교하면 노화 과정이 시작되는 시기가 늦춰졌다는 것을 알 수 있다. 평균 수명이 50세 정도였을 때에 65세의 노인은 신체 기능과 사회적 활력이 현저히 떨어지기 때문에 사회활동으로부터 은퇴하는 것이 합리적이었다. 그러나 평균 수명이 80세를 넘는 오늘날에는, 65세의 신체 기능과 사회적 활력이 사회활동을 하기에 충분하다고 보여진다. 따라서 65세에 사회적 활동에서 은퇴하는 것은 개인의 건강과 사회적 기여 측면에서 봤을 때에도 합리적이라 볼 수 없다. 현재 사람들의 신체 기능과 건강 수준을 고려하면 적어도 75세 이후를 사회활동에서 은퇴하는 시기로 보는 것이 생물학적으로나 사회적으로 타당할 것이다. 그러므로 앞으로의 사회는 65세에서 75세 사이의 사람들을 사회생활에서 은퇴한 사람들이 아니라 사회활동에 참여하고 공동체에 기여하는 사람들로 인식하고 이에 맞는 생활환경을 만들어가는 것이 바람직하다.

5장
도시 삶의 기반이
변화하다

도시 삶의 기반이 변화하다

산업혁명 그리고 인터넷

1760년에 시작된 1차 산업혁명은 인류 역사에 획기적인 변화를 가져왔다. 특히 석탄은 나무보다 비용이 덜 들면서 열에너지 효율이 훨씬 컸기 때문에 기존 에너지원이었던 나무를 대체하고 각종 산업에 적용되어 산업혁명에 불을 지폈다.[134] 증기기관도 처음에는 가동 비용이 감당하기 어려울 정도였지만 성능이 좋은 엔진이 개발되고 저렴한 가격으로 생산할 수 있는 조건이 만들어지면서 산업혁명이 확산되는 데 결정적인 역할을 했다.[135] 철은 산업의 근간이므로 제철법의 발전도 산업혁명을 가능하게 한 중요한 요인이었다. 값이 비싼 목탄 제철법에서 석탄을 이용한 코크스 제철법이 확산되면서 철 생산이 크게 증가했고, 증기기관이 코크스 제철 생산에 사용되면서 생산량이 기하급수적으로 늘어났다. 석탄, 증기 기관, 철을 이용함으로써 철도와 열차가 만들어졌고, 이로 인하여 이동이 쉬워지면서 교통 혁명 또한 일어났다.[136] 이와 더불어 전례 없는 속도로 많은 인구가 주거지를 바꾸어 도시로 왔으며, 영국 도시들은 과거에는 상상도 못했던 규모의 식량과 석탄, 원자재를 공급받으며 폭발적으로 성장했다.[137] 영국을 시작으로 프랑스, 벨기에 등 유럽 대륙에 위치한 국가들도 산업혁명이 확산되면서 도시의 성장과 발전이 이루어지기 시작했다.

1860년부터 1900년까지의 시기는 종종 제2차 산업혁명기라고 불리운다. 현대사회의 기반을 이루는 새로운 기술들이 그 당시에 많이 발명되었기 때문이다.[138] 2차 산업혁명은 과학을 기술과 본격적으로 접목시켰다는 점에서 1차 산업혁명과 차이가 있다. 또 다른 차이점은 아주 작은 수작업에서부터 거대한 공장 전체의 기계 배치에 이르기까지 산업생산의 과정을 기계화·자동화했다는 점이다.[139] 그 결과, 2차 산업혁명은 1차 산업혁명의 다소 제한적이고 지역화된 성공을 훨씬 더 광범위한 활동과 상품생산으로 확장시켰다. 무엇보다 중요한 것은 신기술이 중산층과 서민들의 일상생활에 이용되면서 생활 수준이 크게 향상하는 데 도움을 주었다는 점이다. 특히나 철도 및 전신망이 깔리고, 대도시의 전기와 상수 시스템 등으로 도시의 하부 구조가 크게 변화하면서 과거와는 비교할 수 없을 정도의 획기적인 변화를 이루었다. 특히 전력 공급은 계층과 계급을 넘어 모든 사람들에게 산업혁명의 혜택을 안겨 주었다.[140] 그 결과, 자동차, 냉장고, 전화 등 생활 전반에 걸친 모든 영역에서 커다란 변화가 일어났고 노동자와 일반 대중을 포함한 사회계층 모두가 그 혜택을 누릴 수 있게 되었다.

한편, 생산과정에 기계가 도입되면서 노동이 기계에 크게 의존하게 되었고, 이로 인한 작업 조직 변화는 공장에서의 대량 생산으로 이어졌다. 그러나 기계에 의한 자동화가 진행되면서 노동이 생산성 향상에 기여하는 부가가치는 줄어들고 노동자의 임금과 고용은 감소하는 현상이 나타났다.[141] 노동자가 자동화로 대체된 생산과정에서 배제된 후, 새로운 기술을 익혀 생산에 다시 참여하기는 쉽지 않기 때문이다. 더욱이 새로운 기술이 유입되지 않는다면 노동자의 생산성 기여도는 낮아지고 빈곤과 실업이 증가할 수밖에 없게 된다. 사실 이러한 우려는 현실로 나타나서 2차 산업혁명이 인류의 복지에 크게 기여했던 시효가 끝나가고 있었다. 그 결과는 이후 이어진 경제적·정치적·군사적 사건들과 무관하지 않다. 1930년대의 경제 대공황, 군국주의의 등장, 그리고 제2차 세계대전이 이어졌던 것이다.

이때 산업에서 새롭게 도약할 수 있는 도구가 탄생했다. 컴퓨터가 등장한 것이다. 컴퓨터의 본래 기능은 계산을 위한 도구였다. 1642년, 파리의 블레이즈 파스칼Blaise Pascal은 세금 관리사인 아버지를 돕기 위해 최초의 디지털 계산기를 발명했다. 계산 기능만

하던 기계가 컴퓨터로 발전하게 된 것은 20세기에 들어선 이후다. 1942년에 만들어진 ABCAtanasoff-Berry Computer는 세계 최초의 전자 컴퓨터였으며 모든 숫자와 데이터를 나타내기 위해 2진수를 사용했고 이후 새로운 기술과 접목해 빠르게 발전해나갔다.[142]

컴퓨터는 등장 이후 지속해서 발전했고 1960년대에는 이제는 우리 생활에 없어서는 안 될 인터넷이 개발되는 데까지 이르렀다. MIT의 연구자였던 로렌스 로버츠Lawrence Roberts와 레너드 클라인록Leornard Kleinrock는 컴퓨터를 이용한 통신에 대한 연구를 진행했는데, 1967년에 패킷 교환 네트워크인 아르파넷ARPANET을 발표하면서 인터넷을 세상에 처음으로 선보였다. 1969년 말에는 4대의 호스트 컴퓨터가 초기 아르파넷에 함께 연결되었고, 네트워크 연결과 활용 단계까지 모두 통합하여 기능적으로 완전한 접속자 연결 프로토콜이 완성되었다. 1972년에는 이메일이 개발되었고, 이후 선택적으로 읽고 파일을 저장하고 전달하는 기능을 갖추게 됐다. 그리고 이메일은 가장 큰 네트워크 이용 프로그램의 하나가 되면서 정보교환의 엄청난 성장을 예고했다.[143]

21세기에 들어서는 사물인터넷IoT, Internet of Things의 발전으로 인류는 또 다른 변화를 맞이하게 되었다. 사물인터넷은 사물들 간의 정보교환이 어디서든 일어날 수 있는 네트워크화된 상호 연결 서비스를 말한다. 이를 통해 인간은 사물들 간의 상호작용을 통해 소통할 수 있게 되었고, 사물인터넷은 삶의 질을 향상시킬 수 있는 여러 가지 새로운 응용 프로그램을 만들어내는 기반이 되었다.[144] 이제는 블루투스, 무선 주파수 식별RFID, 와이파이Wi-Fi, 내장 센서 등 서로 간의 통신이 가능해진 기기가 널리 보급되어 우리의 삶에 편의성을 더해가고 있다. 초기 단계의 정보교환을 수행하던 인터넷이 인간과 장치가 통합된 미래형 인터넷으로 탈바꿈해가고 있는 것이다.[145]

이와 같이 18세기 이후에는 석탄, 증기기관, 철이 기계를 중심으로 산업혁명을 일으켰지만 20세기 말 이후에는 컴퓨터를 이용한 네트워크를 중심으로 새로운 산업혁명 시대가 열리고 있다. 이러한 정보기술의 진보는 노동 생산성을 다시 끌어올리는 역할을 하고 있다. 예를 들어 미국의 연평균 성장률은 1980년에서 1995년 사이에 1.4% 정도였지만 1996년 이후에는 2.7%로 증가했다. 이러한 변화가 생긴 주된 이유는 정보기술이 발달하면서 노동 생산성이 다시 증가했기 때문이다.[146]

1990년대에 이르러서는 지구 전체가 컴퓨터의 통신망으로 연결되어 정보 시스템을 공유할 수 있게 되었다. 인간 활동 전체가 정보의 힘에 의존하면서 하루가 다르게 가속화하는 기술 혁신에 따라 크게 달라진 것이다. 예를 들어 과거에는 지식을 얻기 위해서는 학교의 강의실에 가야 했지만 이제는 사용자 친화적인 컴퓨팅을 통하여 수백만 명의 학생들이 강의실이 아닌 곳에서도 지식을 습득할 수 있게 되었다. 현재 제조, 서비스, 금융 분야에서 다국적 기업이 세계 경제의 핵심이 되었는데,[147] 다국적 기업이 이처럼 폭발적인 성장을 하게 된 것은 기술 발전에 따른 네트워크의 강화가 주된 이유다. 특히 인터넷의 비약적인 발전 속도는 다국적 기업이 공장과 본사를 각기 다른 국가에 두고 있어도 마치 한 공간에 있는 것처럼 일할 수 있도록 만들었고, 그 결과 유례없는 규모로 대량 생산을 할 수 있는 기반을 다지게 되었다.

　새로운 정보통신기술과 더불어 네트워크는 탈중심화와 함께 서로 간의 상호작용을 촉진하는 방향으로 변해가고 있다. 탈중심화와 네트워킹이라는 새로운 논리와 형태는 과거 도시 혁명이 열었던 문명을 새로운 방향으로 이끌어가고 있다. 이처럼 정보화 시대에 중요한 조직 형태는 네트워킹이다. 네트워크 자체로만 보았을 때는 단순히 상호 연결된 노드들의 집합일 뿐이지만, 사실 노드 간의 관계를 자세히 보면 구심점을 중심으로 서열이 있고 비대칭적이다. 그러나 구심점을 중심으로 형성된 노드 간의 관계도 네트워크가 확장되면서 위계질서 중심의 비대칭적인 관계 논리가 흩어지고 점차 탈중심화되어 간다. 이러한 탈중심화된 관계 논리는 지금까지 문명이 구축해온 권위 기반의 사회에서 벗어나 새로운 문명사회를 만들어가는 기반이 되어가고 있다. 그리고 이를 기반으로 도시의 구조와 기능도 탈중심화하여 중앙집중체계에서 분산형 체계로 변화할 수 있는 여건이 마련되고 있다.

문명은 기후변화를 초래하고

인류의 역사, 아니 지구의 역사에서 기후가 변화하지 않았던 시기는 없었다. 기후는 지속해서 변화하고 있기 때문이다. 그렇지만 그 변화의 속도가 빠른지 느린지, 혹은 변화가 가속화되는 특별한 이유가 있었는지 아닌지가 지구상에 있는 모든 생물체의 생존과 진화에 큰 영향을 끼쳤다. 인류도 예외는 아니어서 선행인류에서 호모사피엔스에 이르기까지 변화하는 기후의 영향을 받으면서 발전과 소멸, 진화를 겪어왔다고 할 수 있다.

지난 10만 년의 역사만 보아도 지구상에는 두 차례에 걸친 빙하기가 있었다. 마지막 빙하기가 1만 5,000년 전에 끝나기 시작하여 1만 2,000년 전에 현재의 기후와 같은 온난화기를 맞이했다. 그러면서 빙하기 조건에 적응하여 살던 인간과 동물들의 먹을거리가 과거보다 다양해지고 풍부해지는 등 생활환경에 커다란 변화를 겪게 되었다. 특히 기후변화로 인해 중위도 지역의 빙하가 소멸하면서 작물이 자랄 수 있는 좋은 여건이 마련되었고, 인류는 야생 작물의 씨를 얻어 재배하는 작물 재배 방식을 도입하게 되었다. 인류의 문명은 이렇게 온난화와 함께 농업이 등장하면서 시작되었다.

문명 이전의 인류는 수렵과 채집으로 생활했기 때문에 한 곳에 정착하지 않고 계속 이동하며 살았다. 따라서 그들의 생활양식이나 문화가 축적되기는 어려웠다. 하지만 농경이 등장하고 정착 생활을 시작하고 나서는 문명이라고 불릴 만한 인류의 유산이 쌓이게 되었다. 대표적으로 알려진 이집트, 메소포타미아, 인더스, 황하의 세계 4대 문명은 모두 강 유역을 중심으로 발전했다. 강 유역의 농경 생활은 일정한 생산력을 창출하면서 안정적으로 생활할 수 있는 기반을 제공했기 때문에 문명을 발전시키기 좋은 환경이 되었던 것이다.

이렇듯 인류는 수렵채집 시기에서 벗어나 농경과 목축을 기반으로 하여 문명을 이루면서 발전했고, 그 배경에는 기후변화로 시작된 자연 생태계의 변화가 있었다. 농업혁명의 등장은 빙하기가 끝나고 간빙기가 시작될 무렵, 즉 지구가 온난화되면서 진행된 것이었다. 한편 인류도 기후에 영향을 주고 생태계의 변화를 초래하는 역할을 하기 시작했다. 인류가 정착 생활을 시작하고 불을 본격적으로 사용하면서 주위 환경에도 영향을 주기 시작했고, 그것이 자연 생태계를 교란하는 원인이 되기 시작한 것이다. 자연환경이 인류의 생활양식을 변화시켜왔지만, 사실 산업혁명 이후에는 인류가 자연환경에 큰 영향을 주는 시대로 전환되었다고 할 수 있다.

기후는 문명의 경과에도 상당한 영향을 미쳐왔다. 농경을 기반으로 한 문명사회가 한창 만들어지기 시작하던 때에 메소포타미아 등지는 건조한 기후로 변화되었고, 한편으로는 부양해야 할 인구가 점차 늘어나자 부족한 농경지를 확보하기 위해 관개농업을 시작하게 되었다. 관개농업은 기존의 농업과 달리 많은 사람들의 조직적인 노동이 필요했기 때문에 지도자를 중심으로 한 권력 체계가 공고하게 만들어졌다. 한편 농업 생산이 증가하면서 잉여생산물이 발생했고, 이와 함께 무역과 교역이 활발히 일어났다. 관개 농업은 계절과 시간에 대한 개념과 함께 기록 방법도 발전시켰다. 홍수 기간이나 농업 생산량에 대한 통계와 보관 중인 물품 등에 대한 기록은 문자의 발명과 체계화된 문서의 형태로 발전하게 되었다. 또한, 관개농업의 특성상 체계적인 지휘체계가 만들어져야 했으며, 이러한 과정에서 지배층과 피지배층의 분화가 이루어졌던 것이다.

기후변화는 문명을 발전시키는 방향으로만 영향을 준 것은 아니다. 메소포타미아 지역의 급격한 기후변화로 인해 건조하고 차가운 기운이 들어오게 되면서 고대 도시 문명 지역도 큰 타격을 받게 되었다. 예일대학교의 고고학자 하비 와이스Harvey Weiss는 기원전 약 2200년에 발생한 갑작스러운 가뭄이 메소포타미아 계곡의 북쪽 지역을 건조하게 만들어서, 지금의 터키인 유프라테스 강에서 이라크와 이란의 페르시아만 국경까지 800마일이나 뻗어 있던 아카드 제국을 사라지게 했다고 주장했다.

근동의 고고학자들도 기원전 2600년 이후 번성했던 텔라이란 Tell Leilan이라는 도시가 기원전 2200년경에 버려졌다는 사실에 대해 주목했다. 이스라엘의 고고학자인 알렌 로젠Arlene Rosen은 초기 청동기 시대의 도시들이 거의 비슷한 시기에 건조한 환경에 의해 붕괴되었다고 주장했다. 이 시기에 오늘날의 시리아를 중심으로 한 레반트 남부 도시와 마을들이 붕괴되어 버려졌는데, 그 원인은 극심한 기후변화가 건조한 기후를 만들어서 사람이 살 수 없는 환경이 되었기 때문이라는 것이다. 한편으로는 기후변화가 가져온 기근으로 인해 고대 국가들은 식량 문제를 내부에서만 해결하려 하지 않고 다른 지역을 침략하여 해결하려고도 했다. 이것이 고대 문명 초기에 침략과 약탈이 끊이지 않았던 이유 중 하나였다고 할 수 있다.

시간이 경과하면서 거주지역의 발전은 인구 증가 및 밀집을 초래했고, 이는 다시 자연 생태계를 교란하며 불안전한 환경을 만들었다. 농업은 처음엔 국지적으로 이루어졌으나, 정착촌이 부락 단위를 넘어 도시화되면서 인구가 더욱 증가했고, 늘어난 인구를 부양하기 위해서는 기술과 도구들을 이용해 더 많은 지역을 인위적으로 개간하고 건물을 세우는 등의 일들이 필요해졌다. 이러한 활동 역시 생태계를 어지럽히는 결과를 초래했다.

강 유역에 발달한 문명에서 관개와 치수는 기후변화에 민감할 수밖에 없었는데, 수백 년에 걸친 과잉 개발에 따른 숲의 파괴 등 인간이 자연환경을 훼손하는 문제가 서서히 드러나게 되었다. 건조 지역에서 지나친 관개농업을 한 결과로 토지의 염도가 높아지게 되었고, 이는 토지 생산력 감소로 이어졌다. 이러한 토지 황폐화 등의 문제는 고대문명이 지속되지 못한 이유 중 하나였다고 할 수 있다. 철기가 도입된 이후에는 이를 이용해 개간 면적을 넓혔고, 더 많은 인구가 밀집하고 주거 변동성이 적어지면서 주변 환경을 훼손하는 일은 더 잦아졌다. 그리고 이러한 환경 훼손으로 인하여 기후변화에 대한 취약성은 더욱 높아져 갔다.

도시도 기후변화의 영향을 피할 수 없다

오늘날 우리가 기후변화에 더욱 관심을 갖는 것은 자연적인 변화 외에 인간이 초래한 변화가 지구온난화를 가속화하는 문제 때문이다. 특히 화석연료의 사용으로 대기 중에 다량 방출된 이산화탄소가 대기 중에 있는 열을 바깥으로 나가지 못하게 가두는 온실효과를 유발하고, 이것이 지구온난화의 주원인으로 알려져 있다. 이산화탄소 배출은 산업혁명이 시작된 때보다 30% 이상 증가했고, 현재도 지속해서 늘어나고 있기 때문에 지금과 같은 상태가 지속된다면, 대기 중 이산화탄소는 금세기 안에 상당한 규모의 기후변화를 초래할 수준에 이를 것으로 예측된다.

지난 80만 년 동안 이산화탄소 농도는 빙하기 때 180ppm, 간빙기 때 280ppm 정도였지만, 2013년에 이미 400ppm을 넘어섰다. 또한, 1950년대 이산화탄소 농도의 증가 속도는 일 년에 0.7ppm이었지만, 지난 10년간 이산화탄소 농도의 증가 속도는 일 년에 2.1ppm으로 크게 늘어났다. 이와 같은 이산화탄소 농도의 증가는 자연적인 변화라고 할 수 없고 대부분이 석유, 석탄, 천연가스 등으로 대표되는 화석연료의 사용과 같은 인류의 활동 때문이다.

21세기 말까지 지구 대기의 평균 기온은 섭씨 1.1~6.4도 상승할 것으로 예측된다. 20세기 중반 이후 관측되는 평균 기온의 상승은 태양 활동의 변화나 화산 활동 등에 일부 영향을 받기도 했지만, 대부분은 인간의 활동으로 발생한 온실가스의 영향일 가능성이 매우 높다. 1만 2,000년 전 따뜻한 기후로 변하면서 문명의 초석을 다졌지만, 이제는 인류가 만든 그 문명이 오히려 기후의 패턴을 바꾸어 전례 없는 온난화를 가져오면서 인류는 지금까지 경험하지 못한 새로운 위협을 맞이하고 있는 것이다.

대기로 방출된 이산화탄소는 열에너지를 기체 가스 안에 품게 되기 때문에 기온을 상승시키는데, 이로 인해 대기에 쌓이는 열에너지는 엄청나다. 이산화탄소가 증가하면서 늘어난 열에너지는 기온을 높일 뿐 아니라 공기 흐름의 변화도 가속화해서 허리케인이나 사이클론, 또는 태풍과 같은 바람의 위력을 키운다. 이로 인해 전 지구적으로 자연 생태계의 변화를 급격하게 일으킬 수 있다. 이는 불안정한 날씨를 초래하게 되고, 집중호우 및 태풍을 빈번하게 발생시켜서 사람들의 안전과 건강을 심각하게 위협할 수 있다.

1980년에서 2004년 사이에 심각한 이상기후 현상이 두 배로 증가했고, 이는 다시 2040년까지 두 배 더 증가할 것으로 예상된다. 문제는 현재 온실가스 수준을 2040년까지 80%를 줄이려는 국제적 조치들이 성공적으로 취해진다 하더라도 2040년의 기후는 현재보다도 심각한 이상기후 현상을 보일 거라는 점이다. 그 이유는 탄소의 흡수 주기 탓인데 탄소가 바다에 가라앉기까지 30년이 걸리기 때문이다. 그동안은 늘어난 탄소로 인해 따뜻해진 공기가 갖고 있는 에너지에 의하여 태풍, 홍수와 가뭄, 그리고 해수면의 상승, 해안 지역의 침수 등의 재해가 늘어날 것으로 전망된다.

기후변화는 자연재해만을 초래하는 것이 아니다. 기후변화는 폭염에 의한 사망이나 감염성 질환 발생도 증가시킨다. 그 외에도 여러 가지 중요한 질병들이 기온 및 강수의 변화에 매우 민감하게 반응하며 나타날 수 있다. 많은 수의 감염성 질환이 파리와 모기 같은 병원균을 옮기는 곤충 매개체에 의해 전파되는데, 이러한 곤충들은 기온과 강우량 같은 기후인자에 크게 영향을 받는다. 따라서 기후변화가 곤충 매개 질환의 발생 변화를 초래할 것임을 쉽게 예측할 수 있다. 특히 말라리아, 뎅기열, 뇌염 그리고 황열과 같은 질병은 기후변화에 따라 상당히 변화할 것이다.

기후변화는 생태계 내 각 종의 생존뿐만 아니라 생태계의 다양성에도 심각한 영향을 줄 수 있다. 기후가 일정하게 유지되면 유전자 변이에 의한 유전자의 다양성이 만들어지고, 유전자의 다양성은 종 다양성의 기초가 된다. 반면에 기후변화의 속도가 크면 여러 종의 곤충이 사라질 위험에 처한다. 그 결과는 곤충을 포함한 생태계 다양성의 감소로 나타나고, 이는 환경에 대한 생태계 전체의 적응력 약화라는 위기로 이어진다. 이러한 생태계 다양성의 감소는 인류가 갖고 있는 자연 자산의 감소를 뜻하며, 인류의 생존과 지속 가능성에도 커다란 위협을 준다.

한편 기후변화로 초래되는 위험성은 불평등하게 적용된다는 점을 고려해야 한다. 아이러니하게도, 화석연료의 사용으로 기후변화에 보다 책임이 있는 선진국보다 기후변화를 초래하는 데 그다지 역할을 하지 못한 후진국일수록 기후변화로 초래되는 위험성이 크게 나타난다. 특히 도시의 확대 발전은 생태계를 훼손하고 축소시켰지만 이로 인하여 생긴 기후변화의 위험성은 도시의 중심지가 아니라 주변화된 지역에서 크게 나타난다. 물론 그렇다고 도시의 중심지가 안전한 것은 아니다. 기후변화가 가져오는 위험은 국지적이기보다는 지역적이거나 세계적이어서 가장 발전된 문명의 장소인 도시의 중심지도 예외일 수는 없다.

우울증을 증가시키는 현대 도시의 생활

우울증은 기분이 저하되어 삶에 대한 의욕과 흥미를 잃고 자신에 대한 죄의식 혹은 부정적인 생각에 사로잡혀 수면 장애, 집중력 저하 등을 나타내는 정신 증상 혹은 질환을 일컫는다. 실제로 가벼운 우울 증상이 있을 때는 사회생활에 다소 어려움을 겪긴 해도 사회적인 기능을 못 하진 않지만, 심한 우울증을 앓게 되면 사회생활을 제대로 수행할 수 없는 상태가 된다. 따라서 심한 우울증은 매우 심각한 질환이라 할 수 있다.

우울증은 일평생 전체를 보면 여성의 경우 15~20%, 남성의 경우 8-10% 정도 발생하는 것으로 알려져 있다. 경미한 상태의 우울증까지 포함한다면 우울증으로 고통받고 있는 사람의 수는 훨씬 많아져서 전 세계 인구의 약 4분의 1 정도가 될 것이다. 세계보건기구에서는 2030년이 되면 우울증이 인류가 겪는 질병의 부담 순위에서 심장질환이나 암을 제치고 1위가 될 것으로 예측하고 있다.[148]

최근에는 우울증이 뇌의 신경전달물질의 불균형 때문에 초래된다는 이론이 보다 중요하게 대두되고 있다. 그리고 이러한 생물학적 기전에 대한 이해는 우울증의 치료에 상당한 성과를 거두었다. 그러나 분명한 것은 우울증은 현대사회에서 놀라운 속도로 증가하고 있고 이러한 증가는 생물학적 기전의 이해만으로는 설명하기 어렵다는 것이다. 신경전달물질의 불균형과 같은 생물학적인 변화는 이보다 선행하는 원인에 의한 2차적 변화라고 보는 것이 타당할 것이다. 따라서 인간을 둘러싼 사회적 환경, 특히 현대 도시사회의 환경의 변화를 보면서 그 맥락에서 우울증이 증가하는 현상의 본질을 이해할 필요가 있다.

면역기전이나 염증 반응 등이 외부의 이물질 자극 혹은 침입에 대한 방어기전이듯, 외부로부터 스트레스를 받으면 다양한 신경전달물질, 예를 들면 도파민, 세로토닌, 노르에피네프린 등이 동원된다. 우울증은 과도한 목표나 스트레스로 인해 이러한 신경전달물질이 고갈되거나 균형이 깨져서, 즉 외부의 자극이 지나치거나 지속적이어서 이러한 방어기전으로 감당하지 못할 때 생기는 것이라고 할 수 있다. 마치 외부 병원균의 침입이 과도하여 백혈구 등의 염증 반응으로는 감당하지 못할 때 감염병이 생기듯이, 과도한 스트레스로 인해 신경전달물질의 방어체계가 무너질 때 우울증이 생긴다고 볼 수 있다.

한편 새로운 사회 환경이 이전 세대로부터 전해온 문화와 충돌을 일으킬 때, 즉 새로운 환경으로부터 얻은 가치보다 잃어버린 가치가 클 때에는 상실감으로 인해 우울증이 생길 수 있다. 현대인은 물질적으로는 풍요로운 생활을 하지만 문화적 가치의 측면에서는 잃어버린 것이 많다. 사회적 스트레스나 새로운 가치 창조에 대한 압력은 커지는데 전통적으로 이를 해소하는 방식이었던 친밀감을 바탕으로 한 '공동체 문화'가 사라졌기 때문이다. 물질적으로 더 풍요로워진 사회에 사는데도 오히려 우울증이 과거보다도 훨씬 더 많아진 이유는 이러한 상실감이 크게 작용했기 때문이다. 과거에는 저녁 때면 가족들이 한자리에 모여 같이 식사를 하면서 하루를 어떻게 보냈는지 함께 얘기하던 문화적 전통이 있었지만, 현대사회로 접어들면서 바쁜 일과에 쫓겨 가족 구성원들이 함께 식사를 하거나 이야기를 나눌 시간조차 없어지자 이것이 물질적 풍요로는 메울 수 없는 문화적 상실감으로 자리 잡게 된 것이다.

상실감과 더불어 현대인의 확대된 사회관계는 인간관계의 기본적인 속성을 변화시켰다. 문명 이전의 수렵채집 시기뿐 아니라 문명화된 이후에도 상당 기간 지속되었던 신뢰할 수 있고 서로 잘 아는 인간관계에서 현대사회는 잘 알지 못하는 낯선 인간관계, 심지어는 전혀 얼굴도 보지 못한 인간관계 속으로 들어가게 한다. 특히 현대의 도시 생활은 낯선 인간관계의 바다에 던져진 것과 같다. 신뢰할 수 없는 관계는 스스로의 위치와 역할, 존재 기반에 대해 끊임없이 의문을 나타내는 부정적 사고를 불러일으킬 수 있는데, 이러한 사고는 불안이나 우울을 유발하는 중요한 원인이 될 수 있다.

특히 컴퓨터와 인터넷의 등장으로 사람들은 그 이전 시대에 비해 고립감을 느끼는 경우가 더 많아졌다. 사실 현대인들은 사무실 등에서 많은 사람들에게 둘러싸여 있긴 하지만 대부분의 업무가 컴퓨터를 이용해서 이루어지기 때문에 실제로는 같은 공간에 있는 사람들로부터도 고립되어 있다. 집도 점차 가족 간의 친밀감을 느끼는 공간에서 각자 컴퓨터나 스마트폰에 의해 고립되는 환경으로 바뀌고 있다. 대중교통 수단을 이용할 때도 수많은 사람들에 둘러싸여 있지만 각자가 스마트폰 등으로 인터넷이라는 거대한 시스템에 연결되어 있어 사람 간의 관계는 점차 그 의미를 잃어가고 있다. 선행인류 때부터 쌓아온 친밀감을 바탕으로 한 공동체가 기계를 매개로 한 관계로 바뀌어가면서 개인은 사람과의 직접적인 관계를 형성하는 데 소홀해지고 컴퓨터와 인터넷을 통한 관계 형성에 더 몰입한다. 사람들 사이의 친밀감이 없어지면서 관계 형성이 양적으로는 늘어났음에도 불구하고 내적인 고립감은 더욱 커지는 것이다.

현대사회, 특히 도시의 삶을 보면, 사람들은 끊임없이 밀려오는 정보의 홍수 속에 살고 있고, 그 속에서 각자 고립된 생활을 하면서 과거와 같은 친밀하고 지속적인 관계로부터 멀어진 채 서로 경쟁하는 관계를 이룬다. 한편, 경쟁은 상당한 에너지가 필요하고 신경전달물질도 과도한 외부 자극의 대응에 동원되어 소진된다. 우울증은 사회적 압력과 이에 대응하는 정신적 방어기전의 균형이 흔들리거나 깨져서 나타나는 증상으로 볼 수 있는데, 사회가 개인의 능력과 자원을 최대한 끌어내려고 부단한 압력을 가하고 있기 때문에 외부 자극에 대응하는 내부 자원이 고갈되기 쉽고 따라서 우울증은 증가할 수밖에 없다. 시민을 정서적으로 돌보는 체계가 도시 안에 자리 잡지 못하면 스트레스를 감당해나가기 어렵고, 그 결과로 우울증이 만연하여 도시는 활기찬 생활의 터전이 되기 어려워질 것이다. 따라서 미래의 도시는 더 이상 정서적 지지가 없고 고립된 삶의 장소가 아니라 친밀감을 회복하고 돌봄의 시스템을 통하여 행복감을 느낄 수 있는 장소가 되어야 한다.

늘어나는 치매는 돌봄의 체계를 필요로 한다

노화는 불가피하게 신경 기능 저하를 동반하기 때문에 노인 인구가 많아지면 신경퇴행성질환인 치매가 늘어날 수밖에 없다. 오늘날 전 세계 약 5천만 명의 사람들이 치매를 앓고 있는데, 이 수치는 2030년까지 7,500만 명, 그리고 2050년에는 1억 3,200만 명으로 증가할 것으로 예상된다. 치매는 신경기능 저하를 앓고 있는 당사자에게는 장애이자 타인에 대한 의존도를 높일 뿐만 아니라 가족과 다른 보호자들에게도 심각한 영향을 미쳐서 우울증과 불안장애가 발생할 위험을 높인다. 치매 환자를 돌보는 데 드는 비용은 전 세계적으로 매년 8천억 달러 이상이며 2030년까지는 2조 달러까지 증가할 것으로 예상된다. 현재 치매 관련 질병을 치료할 뚜렷한 방법이 없는 상황에서, 치매 환자를 돌보는 데 사용될 미래의 비용은 사회에 큰 재정적인 부담이 될 것이다.[149]

치매를 일으키는 질환 중에서도 대표적인 질환이 알츠하이머병이다. 알츠하이머병은 기억력 감소와 인지 장애를 일으키는데, 뇌에 있는 단백질들이 서로 엉겨 붙으며 질병을 초래한다. 독일의 알로이스 알츠하이머 박사Alois Alzheimer는 1906년 한 강연에서 기억과 언어 장애, 방향 감각 상실, 정신사회학적 장애를 보인 51세 여성 환자에 대하여 설명했고, 치매를 일으키는 이 질병은 이후 알츠하이머병으로 알려지게 되었다.[150] 알츠하이머병은 정상적인 뇌 구조와 기능의 심각한 장애를 일으키는 진행성 신경퇴행성 뇌질환이다. 기억과 인지 기능에 중요한 신경 회로 내 통신을 방해하여 기억, 언어, 추론, 실행 및 공간적 기능 등에 걸친 인지 장애를 초래하는 것으로 알려졌다. 따라서 알츠하이머병을 앓는 환자들은

일상생활을 수행하는 능력이 저하되고 종종 정신, 감정 및 성격 장애를 나타내기도 한다.[151]

치매로 인한 기억력 감소와 인지적·행동적 변화는 일이나 사회 활동, 그리고 사람과의 관계를 방해하고 운전, 쇼핑, 청소, 요리, 재정 관리 등과 같은 일상적인 활동을 하는 능력도 손상시킨다. 이러한 치매의 증상은 대개 말년에 발생하지만, 근본적인 뇌병리학은 수년 전 혹은 그보다 훨씬 먼저 시작되는 것으로 알려지고 있다. 즉, 약 40~65세의 중년에 조용히 시작되다가 노년에 치매의 증상으로 나타나는 것이다. 따라서 중년 시기 또는 그 이전에 치매 위험요인을 해결한다면 치매를 예방하거나 완화시킬 수 있을 것이다. 예를 들어 치매 위험 인자를 확인하여 제거할 경우 치매의 3분의 1 이상을 예방할 수 있다. 즉, 고혈압, 당뇨병, 비만, 흡연, 우울증, 사회적 고립 등을 관리하면 상당수의 치매를 예방할 수 있다.[152] 결국, 건강을 모니터링하고 관리할 수 있는 체계를 갖추고 건강한 사회생활을 할 수 있는 기반이 마련되면 치매도 어느 정도 예방적 관리가 가능하게 될 것이다.

반면에 사람들의 건강 상태 혹은 질병 위험요인이 개선되지 않은 채 인구 고령화가 이루어지면 사회 전체적으로는 그만큼 질병과 장애의 양이 늘어날 것이다. 한 개 이상의 만성질환을 갖고 있거나 알츠하이머병과 같은 치매성 질환을 앓는 노인들이 많아질 것이기 때문이다. 예를 들어 알츠하이머병은 65세가 넘으면 발생률이 두 배 늘어난다. 이러한 질병 발생률의 증가는 의료비의 증가를 초래할 수밖에 없다. 거기에다 치매 환자는 나이가 들수록 또 다른 만성질환을 가질 확률이 높아지기 때문에 의료비용은 더욱 증가하게 된다.[153] 이는 노인이 있는 가정에서는 질병 치료에 그만큼 많은 비용이 들어간다는 것을 의미한다. 따라서 이러한 가정들이 의료비를 감당할 수 있는 재정적인 해결방안이 마련되지 않으면 생활에 어려움을 겪을 가능성이 크다. 즉, 노인 인구가 많아질수록 의료서비스 비용을 지불할 수 있는 사람들은 적어지면서 동시에 의료비에 대한 재정적 지원이 필요한 사람들은 많아지기 때문에 사회적으로 이를 해소하기 위한 보건 및 복지 시스템을 만들지 않으면 안 된다.

삶과 건강을 책임지는 커뮤니티

사회가 고령화되고 재정 부담이 쌓여가는 것에 더해 출산율까지 저하되면 국가 경제를 더욱 위기로 몰아갈 것이다. 젊은 인구, 특히 노동 인구가 줄어들면 성장률이 정체되거나 감소하게 되는데, 이러한 상황에서 보건의료비가 국가 재정에서 차지하는 비율이 계속 높아진다면 사회의 지속 가능성에 대해 심각한 의구심이 생길 것이다. 과연 누가 늘어나는 보건의료비를 지불할 것인가?

고령화가 지속될수록 재정적 여유가 줄어들기 때문에, 노인 인구를 지원하는 의료비는 어느 정도 제한적으로 사용될 수밖에 없다. 그런데 노인 의료비 지원이 제한적으로 이루어지면 그 파장이 사회적인 문제, 정서적인 반응 그리고 궁극적으로 정치 영역으로 이어지게 되고, 결과적으로는 복지연금보다 훨씬 심각한 사회 분열의 문제를 낳을 수 있다. 복지연금은 대개 일정한 원칙에 의하여 모두에게 일반적으로 적용되지만, 의료서비스는 각 개인의 질병에 따라 크게 달라지는 개별성이 있기 때문이다. 즉, 제한된 자원을 일부 환자의 의료비로 대부분 사용하게 되는 경우 혜택을 보지 못하는 사람들을 중심으로 사회적 갈등이 초래될 가능성이 크다.

고령화는 사회의 가장 기본적인 구성단위인 가정에도 적잖은 변화를 불러올 것이 분명하다. 미래의 가정은 크기는 작아지되 어린 자녀에서 조부모의 세대까지 같이 살거나 이웃하여 사는 '수직화 현상'이 나타날 가능성이 크다. 이런 현상이 구성원으로 하여금 자녀를 양육하고, 노인을 돌보고, 서로 협력하여 더불어 살아가는 가족의 순기능으로 작용할지, 아니면 가정 내 세대 간의 단절과 가족의 기능 상실이라는 역기능으로 이어질지는 확실하지 않다. 하지만 특별한 대책이 취해지지 않는다면 전자보다는 후자의 가능성이 더 커 보인다. 가정의 기능이 상실되는 상태가 된다면, 전통적으로 가정의 몫이었던 기능을 정부가 맡아야 하고, 그렇지 않아도 부족한 공공자원에 대한 수요의 문제는 더욱 풀기가 어려워질 것이다.

이와 같이 고령화는 경제구조를 초월해서 사회생활 전반에 변화를 초래할 것이 분명하다. 은퇴 생활과 보건 의료는 물론, 가정과 사회 전반에 심각한 변화가 불어닥칠 것이다. 이런 변화들은 미래의 모습이나 사회의 활력에 어떤 식으로 작용하게 될까? 고령화 사회가 미래사회에 성공적으로 자리 잡기 위해서는 교육, 일 그리고 은퇴로 이어지는 3단계의 라이프사이클을 재구성해야 한다. 가장 중요하게는 적어도 젊은 노인이 생산적인 주체로서 사회적 생산성 향상에 기여하도록 해야 하며 이들을 사회의 주요 구성원으로 통합시킬 수 있어야 한다. 이런 난제들은 현재 사회에서 정한 삶의 3단계를 순서대로 따라가는 것이 아니라 현재의 노인 연령의 기준인 65세 이후에도 다시 교육받고 사회에 기여할 수 있는, 즉 일을 할 수 있는 여건을 어떻게 만들어가느냐에 그 해결 여부가 달려 있다.[154]

한편, 지역사회의 시설과 여러 가지 노인을 위한 서비스가 활성화되어야 한다. 그래야 노인들이 요양원에 가지 않고도 집 안과 집 주위에서 여생을 보낼 수 있기 때문이다. 가정 방문 간호를 통하여 집에서도 의료적 도움을 받을 수 있도록 하거나, 치매가 있거나 혼자 사는 노인을 위하여 지역사회 내에 있는 시설에서 장기적인 돌봄 서비스를 제공해야 한다. 지역사회에서 이와 같은 서비스들을 제공하게 되면 자신의 집이나 동네에서 살면서 여생을 마칠 수 있을 것이다.[155]

이와 같은 커뮤니티 기반의 서비스들은 병원을 방문하는 외래 환자 및 입원 환자의 관리뿐만 아니라 복지 시설, 가정 방문 관리 서비스, 그리고 이웃 간의 상호 지원 활동까지 통합하여 관리하는 시스템으로 발전해야 한다. 통합 관리 시스템의 핵심적인 내용은 가정을 기반으로 관리하는 것으로, 가족이나 동거인 또는 자원봉사자가 가벼운 장애가 있는 노인을 돌볼 수 있도록 장려하는 것이다. 중증 질환이나 장애가 있는 사람들이 의료 및 복지 전문가의 관리를 필요로 하는 경우에도 가급적 집에서 치료를 받도록 권장하고, 의료 및 복지 시설은 필요한 경우에만 이용하게 해야 할 것이다.[156]

노인들에게 적합한 보건 관리가 원활하게 이루어지기 위해서는 여러 가지 서비스를 각 개인에 맞추어 활용할 수 있도록 건강관리 플랫폼을 만들어야 한다. 노인들에게 건강상 이상이 발생하면 담당 의사와 가정 간호사가 언제든지 돌볼 수 있도록 의료서비스가 제공되어야 할 것이다. 의료서비스를 제공하는 것 외에도 재활 서비스가 연계되고 체력증진 활동과 같은 건강관리 활동, 그리고 흡연이나 음주 등 생활 습관 역시 플랫폼과 연결되어 모니터링하는 것이 필요하다. 미래의 도시는 이러한 커뮤니티 중심의 보건관리 전략뿐만 아니라 이러한 프로그램들이 건강관리 플랫폼을 기반으로 한 의료 시스템과 연결되어 노인들이 건강하게 노년을 보낼 수 있는 곳이어야 한다.

6장

미래사회와
의료

미래사회와
의료

의료의 눈부신 성과

20세기에 들어서 과학기술과 더불어 의학은 비약적 발전을 이루었다. 19세기 중반 이후 미생물의 발견으로부터 발전하기 시작한 실험과학의 업적을 바탕으로, 20세기 초반에는 현대적 학문의 토대를 갖추었다. 두 차례의 세계대전은 엄청난 사상자를 발생시켰지만 동시에 손상과 질병 치료를 발전시키는 계기가 되었다. 전투 과정에서 발생하는 심각한 신체적 손상과 비위생적인 환경에서 발생하는 감염병을 해결해야 했기 때문이다. 특히 창상에 파상풍 예방접종과 항생제를 사용하고, 시간을 다투는 환자의 수송에 앰뷸런스를 이용하는 등 의료 행위와 서비스가 개선되고 그 결과 치료 효과는 놀라울 정도로 향상되었다.

2차 세계대전이 끝난 직후인 1948년에는 세계보건기구가 만들어졌고 질병 퇴치를 위한 국제적인 노력이 본격적으로 이루어지기 시작했다. 이후 홍역, 볼거리, 인플루엔자 등 바이러스 질환에 대한 백신이 개발되면서 바이러스성 전염병의 유행을 어느 정도 감소시켰다. 이는 위생 운동과 시설, 그리고 항생제의 개발로 콜레라, 장티푸스, 결핵과 같은 세균성 전염병 질환을 감소시켰던 20세기 전반기 못지않은 성과였다. 1980년에는 과거에 무서운 전염병으로 인류를 괴롭혔던 천연두가 완전히 박멸되었다고 선언할 수 있었다. 물론 아직도 항생제에 버금가는 항바이러스 약제는 충분히 개발되지 않았고 사스, 에볼라, 코로나 19와 같이 매우 치명적인 바이러스성 전염병이 유행하여 엄청난 공포를 가져오곤 한다. 더욱이 이러한 바이러스 전염병은 발생하자마자 거의 곧바로 다른 지역, 그리고 전 세계로 퍼져나가서 팬데믹으로 발전할 가능성이 커졌다.

한편으로는 20세기 후반에 들어서면서 만성질환이 인류의 건강을 위협하는 심각한 질환으로 떠오르게 되었다. 거의 모든 국가에서 고혈압, 당뇨병, 심혈관질환, 암 등 만성질환이 크게 늘어났고, 현재 선진국에서 가장 중요한 사망 요인은 암과 심혈관질환이다. 만성질환은 전염성 질환과는 매우 다른 요인에 의해 발생한다. 전염성 질환이 세균이나 바이러스와 같은 미생물이 초래하는 질병이었다면, 만성질환은 생활환경의 변화가 인간이 갖고 있는 유전자와 조화를 이루지 못해 생기는 질환이라고 할 수 있다. 현재 우리가 갖고 있는 유전자의 대부분은 과거 인류의 조상이 살던 수렵채집 시기의 생활환경에 적응된 유전자다. 그런데 2차 세계대전 이후의 급격하게 변화된 식생활, 줄어든 신체 활동량, 음주나 흡연과 같은 생활 습관, 그리고 화학물질 사용 증가와 같은 생활환경은 과거 수렵채집 시기에는 문제가 없었거나 도움이 되었던 유전자를 새로운 생활환경에 적응하지 못한 유전자로 만들어버렸다. 결국, 유전자 부적응 현상이 당뇨병, 심장질환, 암과 같은 질병을 일으키는 요인이 된 것이다.

그러나 한편으로는 2차 세계대전 이후 분자생물학의 학문적 발전과 제약산업의 눈부신 성장으로 만성질환을 관리할 수 있는 많은 약제들이 개발되었다. 예를 들어 고혈압이나 당뇨병의 기전을 충분히 이해하고 그 기전을 억제하는 여러 종류의 약제들이 개발되어 사용되고 있다. 영상을 이용한 진단기술이 획기적인 발전을 이루면서 이를 이용한 여러 가지 시술도 개발되었다. 한때 심근경색증과 같은 심장질환은 가슴을 열고 막힌 관상동맥을 다른 혈관으로 바꾸어 이식하는 어려운 수술이었지만 이제는 영상을 보면서 훨씬 안전하게 진행할 수 있는 스텐트 시술로 발전되었다. 암 치료에 있어서도 방사선 치료, 화학요법, 수술 치료가 크게 발전하면서 생존율이 높아지고 있고, 최근 면역화학요법의 등장으로 암은 충분히 조절 가능한 질병이 될 것으로 예상된다.

만성질환은 생활환경과 유전자의 부적응이라는 단순하지 않은 관계로부터 발생하지만 앞으로는 질병의 원인과 질병의 발생 그리고 질병의 진행과 관련된 복잡한 요인들에 대한 분석이 인공지능을 통해 상당 부분 해결될 것이다. 또한, 인공지능이 진단, 처방, 수술 등 의사의 핵심적인 의료 행위의 상당 부분을 대신하게 될 날이 올 것이다. 물론 그렇다고 해서 의사의 역할이 줄어드는 것은 아니다. 오히려 인공지능과 로봇이 의사의 판단을 지원하고 업무를 대신하기 때문에 환자의 건강을 책임지는 건강 관리자로서 의사의 역할을 보다 충실히 수행할 수 있는 기회가 될 것이다. 의사는 환자와 인격적으로 분리된 전문 치료자라는 위치에서, 환자를 충분히 이해하고 질병을 관리해주는 주치의 역할로 바람직하게 변화할 수 있는 것이다. 이와 같이 환자에 대한 다양하고 복잡한 정보를 바탕으로 진단과 처방에 대한 판단을 지원해주는 프로그램을 이용하면, 의사가 환자 개개인의 특성과 생활환경에 맞춰서 보다 적절히 환자의 건강을 관리하는 것이 가능해질 것이다. 질병 중심의 의료에서 환자 중심의 의료서비스로 전환되는 기반이 만들어지는 것이다.

미래 도시의 의료

이를 위해서 앞으로는 환자가 병원으로 찾아가 진료를 받는 것이 아니라, 환자가 거주하는 지역사회에서 의료서비스가 펼쳐지는 시스템으로 변화해야 한다. 현재는 병원에 환자의 질병을 진단하고 치료할 의료기기와 의료진이 있기 때문에 질병을 치료하려면 병원으로 가야 하지만, 미래에는 환자가 착용한 웨어러블 모바일 헬스 기기와 바이오 센서 기기를 통해서뿐만 아니라 집 안에서 환자와 관련된 거의 대부분의 건강 정보들이 수집되고 클라우드에 저장될 것이다. 의사들은 환자를 직접 대면하지 않고도 의료 플랫폼을 통해 전달되는 정보를 이용해 환자의 건강을 확인하고 진단할 수 있게 된다. 그렇게 되면 오늘날처럼 진찰을 받기 위해 매번 병원에 있는 의사를 만나고, 의료기기를 이용하여 검사를 한 후 진단받을 필요가 없다.

건강 및 질병 상태에 관한 정보의 대부분을 환자의 집과 몸에 부착된 모니터링 기기를 통해 얻으며, 의료 플랫폼에 내장된 인공지능에 의하여 기본적인 건강 상태 평가가 지속적으로 이루어지고 또 변화를 관찰할 수 있게 된다. 단순히 의료 수준이 발전하고 기술적으로 편리해졌기 때문에 환자가 병원에 갈 필요가 없는 것이 아니다. 대부분의 정보가 환자 자산과 집에서 만들어지고 의료 플랫폼을 통해서 이러한 정보에 접근하는 것이 가능해지기 때문에 환자 중심의 의료서비스가 이루어질 수밖에 없는 환경이 만들어지는 것이다. 다시 말하자면 미래 의료의 중심축이 '병원'에서 '환자' 혹은 '집'으로 옮겨가는 것이다.

이러한 변화는 의학과 의료기술의 변화에 의해서 주도되기도

하고, 한편으로는 의료기술의 변화를 가속화하기도 한다. 특히 개인의 유전정보와 건강정보를 이용하여 각 개인에게 맞춤형으로 제공되는 정밀 의료, 줄기세포를 이용하여 신체조직을 재생하는 재생 의료, 인공 장기를 이용하여 약화된 신체 기능을 강화하는 기능강화 의료, 미세 수준으로 약물을 개발하고 전달하는 나노 규모의 의료, 그리고 인공지능과 디지털 기술을 이용하여 건강 상태를 모니터링하고 진단하는 플랫폼 의료가 미래의 의료를 이끌어가면서 보건의료서비스를 한층 발전시킬 것이다.

의료기술의 발전은 조직의 이식 및 세포의 재생, 그리고 유전자 조작 등과 같은 신의료기술이 본격적으로 활용되면서 질병의 치료뿐 아니라 신체와 정신 기능의 강화로 이어져서 지금까지의 의료서비스를 발전시키는 것은 물론 인간사회가 이루어왔던 현재의 문명 수준을 뛰어넘는 새로운 미래로 이끌 것이다. 그러나 이러한 변화는 마치 양날을 가진 칼과 같아서, 보다 나은 발전으로 볼 수도 있으나 인류의 동질성을 훼손하는 방향으로 작용하여 회복하기 어려운 사회적 갈등을 초래할 수도 있다. 따라서 이러한 갈등을 회복하고 사람들의 건강을 보편적으로 증진시키는 전략, 즉 새로운 의료기술을 이용하는 의료기술의 발전 전략과 함께 건강 격차를 줄이는 전략을 함께 모색해야 한다. 이러한 두 개의 전략을 같이 사용해야 수준 높은 의료를 제공함과 동시에 모든 사람이 건강을 누리는 것이 기본권이 되는 목적을 달성할 수 있을 것이다.

건강은 기본권이다

자유는 인간의 기본권이고 소망하는 것을 이룰 수 있는 상태이지만 이를 실현할 수 있는 역량을 갖추기 위해서는 건강, 소득과 부, 지적 능력 등이 필요하며 그중에서도 건강은 가장 필수적인 요소다. 따라서 자유가 인간의 기본권이라면 건강 역시 인간의 기본적인 권리라고 할 수 있다.

건강을 인간의 권리로 인식하기 시작한 계기는 18세기 영국의 산업혁명이 가져왔다. 과거 농민이었던 인구의 대규모 도시 이동은 비위생적인 환경 조건과 새로운 전염병 창궐을 가능하게 하는 상황을 만들어냈다. 적나라하게 드러난 도시환경의 열악함은 질병을 만연하게 하였고 그 결과는 위생 운동이라는 형태로 발전되었다. 그리고 이 운동은 공중보건에 대한 새로운 일련의 가치들을 만들어가기에 이르렀다. 건강이 중요한 사회적 가치라는 인식이 확산되기 시작한 것이다.

18세기 산업혁명 이후, 대규모의 노동자들이 도시로 모여들었고 제대로 된 시설을 갖추지 못한 도시에서는 집단 거주가 무분별하게 이루어졌다. 그들은 공장에서 뿜어져 나오는 연기와 오염된 물, 밀폐된 공간, 열악한 노동 조건 등으로 고통받았다. 이러한 문제들을 목격했던 에드윈 채드윅은 위생 개혁 운동을 시작했고, 위생 도시가 필요하다는 주장을 하기에 이르렀다. 그에게 질병은 가난을 가져오는 것이었고, 가난은 질병과 무능의 원인이 되어서 또 다시 가난을 가져오게 하는 악순환의 고리를 이루는 것이었다. 따라서 그는 공중보건을 질병과 빈곤을 퇴치하여 사회 발전을 가져오는 수단으로 생각했다.

채드윅은 건강한 노동자가 더 오래 일할 수 있고, 따라서 노동자가 건강하면 사회적 생산력도 증가하기 때문에 환경을 개선하여 노동자들을 건강하게 만드는 것이 사회에 이익이 된다고 생각했다. 즉, 노동자의 건강을 통해서 더 많은 생산력을 확보하는 것이 실질적으로 더 많은 사람들의 이익을 보장한다는 것이었다. 제레미 벤담Jeremy Bentham의 제자였던 채드윅은 공리주의의 슬로건인 '최대 다수의 최대 행복'을 공중보건에 적용하고자 했다. 그는 사회 전체의 이익을 위해 건강을 확보하지 않는다면 사회의 진보가 어려워지고, 나아가 위기에 처할 수 있기 때문에 건강을 기반으로 한 행정적 계획을 실현하는 것이 상당히 중요하다고 생각했다. 그리고 이러한 생각은 이후에 위생 도시의 계획으로 이어졌다.

한편 프리드리히 엥겔스Friedrich Engels는 영국 노동 인구의 위생 상태를 조사하기 위해 채드윅이 1842년에 작성한 〈영국 노동 인구의 위생 상태 보고서〉를 읽은 후, 채드윅의 인과적 관계를 거꾸로 뒤집어서 가난이 질병을 유발한다고 주장했다. 엥겔스는 1845년에 출간한 《영국 노동계급의 상황》이라는 저서를 통해 산업혁명 당시 노동자들의 열악한 생활환경과 건강 상태를 신랄하게 고발했다. 이렇게 영국 노동자들의 열악한 상황이 낱낱이 보고

되자, 노동자들의 건강과 위생시설을 개선하라는 여론이 일었다. 엥겔스에게 건강은 그 자체로 사회적·정치적 가치이자 사회를 변혁하려는 도구였던 것이다.

1948년 12월 10일, 유엔이 채택한 세계 인권 선언은 "모든 사람은 자신과 가족의 건강과 안녕에 적합한 생활 수준을 누릴 권리가 있다"고 하였다. 건강을 권리로서 다룬다는 것은, 건강이 운명이나 주어진 것이 아니라는 것을 뜻한다. 이를 통해 건강은 권리로서 인정받았고, 권리를 보편적으로 누릴 수 있어야 한다는 사회정의의 시각으로 건강을 바라보게 되었다.[157] 이러한 시각에서 볼 때 건강을 보장한다는 것은 사회구성원의 건강을 지키기 위해 필요한 기회를 사회가 공정하게 제공한다는 의미다.[158]

건강 격차가 생기는 이유

'건강 불평등health inequality'이라는 용어는 일반적으로 개인이나 집단의 건강 차이를 가리킨다. 건강의 차이를 이야기할 때 '건강 비형평성health inequity' 혹은 '건강 격차health disparity'라는 말을 사용하기도 하는데, 건강 불평등은 건강 상태를 측정했을 때 차이가 나타나는 현상을 말하는 것이지만 건강 비형평성이나 격차는 이러한 불평등이 잘못되었다는 도덕적 판단을 포함하는 개념이다. 건강을 누릴 수 있는 권리가 기본권이라면 건강 불평등은 기본권의 차이를 나타내는 것이므로 그 차이를 줄이려고 노력해야 한다는 것이다.

건강은 대개 자기 스스로 관리해야 하는 개인의 책임이라고 생각하기 쉽다. 금연과 절주, 그리고 식이 관리와 운동으로 충분히 건강을 관리할 수 있다고 생각하지만, 알고 보면 건강은 소득이나 교육 수준과 같은 사회적 결정 요인과도 밀접하게 연관되어 있다. 실제로, 이러한 사회적 결정 요인들이 각 개인의 건강관리에도 상당한 영향을 주기 때문에 개인적 요인과 사회적 요인들의 영향을 분리해서 보기 어려운 경우가 많다. 예를 들어 더 나은 교육을 받은 사람들은 더 부유하고, 더 좋은 환경에서 살고, 흡연할 가능성이 더 적기 때문에 교육을 제대로 받지 못한 사람들에 비하여 보다 나은 건강 상태를 유지할 수 있다. 특히 소득이나 교육 수준의 차이에 의해서 생기는 건강 불평등은 생애 전체에 걸쳐 그리고 여러 세대에 걸쳐 지속될 수 있어서 현재뿐 아니라 미래 세대의 건강에도 영향을 미칠 수 있다.[159]

이와 같이 건강 결정 요인은 유전적이나 생물학적 요인뿐 아니라 사람들이 살고, 일하고, 배우는 사회적 환경을 포함한다. 또한, 빈부격차와 타국으로의 이주, 그리고 성별의 차이가 건강상의 격차를 만들어내기도 한다.[160] 사실 인종이나 민족, 사회경제적 요인에 따른 건강 격차는 저소득 국가 및 고소득 국가 모두에서 관찰된다. 이러한 건강 격차를 제대로 이해하기 위해서는 집단 수준의 건강 차이를 확인하는 것이 무엇보다 중요하다. 각 사회는 눈에 보이지 않는 사회계층 구조를 형성하기 때문이다. 예를 들어 건강 격차를 만들어내는 주된 사회계층 요인으로서 미국의 경우는 인종, 영국은 교육 수준, 호주에서는 백인과 원주민의 구별, 인도에서는 카스트 제도 등을 들 수 있다.[161]

이러한 사회계층의 요인은 대체로 교육과 같은 건강 결정 요인의 차이를 통하여 건강 격차를 만들어낸다. 최근의 데이터를 보면 경제협력개발기구OECD 국가 중, 가장 높은 수준의 교육을 받은 사람들은 가장 낮은 수준의 교육을 받은 사람들보다 30세를 기준으로 한 기대여명으로 계산할 때 약 6년 정도 더 오래 살 것으로 예상된다. 특히 슬로바키아 등 중유럽 국가에서 그 차이가 두드러지는데, 고등교육을 받은 사람과 하급교육만 받은 사람 사이의 기대여명 격차가 10년 이상이다.[162]

성별 또한 건강 악화, 위험인자에 대한 노출, 그리고 양질의 건강관리에 대한 접근에 있어서 중요한 영향을 미치는 요소다. 세계보건기구에 의하면 2017년에 태어난 여자아이는 같은 날 태어난 남자아이보다 4년 더 오래 살 것으로 예상된다. 남성의 짧은 기대수명은 높은 흡연율과 알코올 소비율, 폭력으로 인한 사망 가능성, 교통사고로 인한 사망률, 그리고 자살로 인한 사망률 등에 의해서 주로 영향을 받는데, 이들 모두는 여성들보다 남성에게서 훨씬 높은 비율로 발생한다. 반대로, 여성은 더 오래 살기는 하지만, 만성질환으로 더 오래 고생한다. 임신 합병증과 안전하지 못한 낙태는 아직도 많은 경우에 중요한 사망 원인인데, 특히 18세 이전에 결혼하는 여성들이 위험 인구 집단이 된다.[163]

한국의 경우 2015년 기준으로 볼 때 성별에 따른 기대수명의 차이는 상대적으로 타국에 비해 적지만, 빈부에 따른 건강 격차는 큰 것으로 나타났다. 박진욱의 보고서 "지역 간 건강 불평등 현황"에 따르면 전국 252개 시·군·구별로 기대수명은 78.9세부터 86.3세까지 7.4년의 격차를 나타냈다. 소득 5분위 간 기대수명 격차 역시 2.6년부터 11.4년까지 시·군·구별로 차이가 많이 나는 것으로 나타났다. 이는 지역 간 격차와 더불어 지역 내에서도 사회경제적 위치에 따른 건강 불평등이 존재한다는 것을 의미한다.[164]

의료서비스는 누구나 쉽게 이용할 수 있어야 한다

의료 격차를 줄이기 위해서는 성별, 인종, 지역, 사회경제적 차이 등과 관계없이 모든 사람들이 의료서비스가 필요한 경우 이를 쉽게 이용할 수 있어야 한다.[165] 의료서비스 이용의 용이성을 의료 접근성이라고 하는데 지역사회 인구당 의료서비스를 제공하는 의료 종사자의 수와 의료 기관의 수가 이러한 의료 접근성을 평가할 수 있는 좋은 지표들이다.

2016년 세계질병부담Global Burden of Disease, GBD 연구 결과에 따르면 한국의 의료 접근성은 2016년 기준 195개국 중 25위로 90.3점이었다. 1위는 아이슬란드로 97.1점을 받았고, 미국은 29위로 88.7점이었다.[166] 한국의 의료 접근성은 비교적 작은 영토와 상대적으로 많은 병·의원의 수를 고려할 때 그리 높다고 할 수는 없다. 의료서비스가 지역적으로 편중되어 있기 때문에 형평성이 떨어지는 것으로 나타나는 것이다.

의료에 대한 접근성을 높이기 위해서는 의사들의 수와 지역적 분포가 적절해야 한다. 어떤 지역에는 의사가 몰려 있고 다른 지역에는 의사가 부족한 실태는 의료서비스를 이용하기 위해 오랜 시간을 이동해야 하거나 병원의 대기 시간이 길어지는 것과 같은 의료서비스 접근의 불평등을 초래할 수 있기 때문이다. 2017년 기준으로 OECD에서 인구 1,000명당 의사 수를 조사한 결과, OECD 평균 의사 수가 도시는 4.2명, 시골은 2.7명으로 지역 간에 상당한 차이를 보였다. 한국의 경우는 도시 2.4명, 시골 2.0명으로 OECD 평균보다 둘 다 낮았다. 반면, 슬로바키아의 경우 지역 간 차이가 4.1명이나 되고, 헝가리 또한 2.9명으로 나타나는 것에 비하여, 한국에서 의사 분포의 지역 간 차이는 그리 크지 않은 것처럼 보인다. 사실 한국에서 지역 간 차이가 작은 것처럼 나타난 이유는 의사의 분포가 적절하기보다는 인구 대비 의사 수 자체가 적기 때문일 수 있다.[167]

의료서비스 접근성을 국내 차원에서 비교해보면, 지역 간의 차이를 분명하게 알 수 있다. 인구 1,000명당 의료기관에 종사하는 의사의 수를 시도별로 분류하면, 2017년 기준으로 전국적으로는

2.80명인데, 서울시가 4.12명, 부산과 대구는 3.20명, 그리고 경상 북도는 2.03명에 불과했다.[168] 의사 수뿐 아니라 의료시설 및 의료 서비스의 질을 감안하면 한국에는 서울시를 중심으로 한 수도권 과 비수도권의 지역 간, 그리고 서울시 내에서는 강남과 강북 간의 의료서비스 접근성의 차이 등 건강 불평등이 적지 않게 존재한다.

특히 응급의료, 외상, 심뇌혈관 질환 등 생명과 밀접한 필수 중 증 의료 분야에서 지역별 건강 수준 격차가 심각하게 나타나고 있 으며, 이송체계 또한, 수도권이 아닌 지역에선 미흡한 상황이다. 예를 들어 2016년을 기준으로 살펴보면, 10만 명당 심장질환으로 인한 사망률이 서울은 28.3명인데 반해 경남은 45.3명으로 큰 차 이를 보인다. 그뿐만 아니라 서울은 분만의료기관에 도달하는 평 균 시간이 3.1분인데 반해 전남은 42.4분으로 매우 길었다. 신생아 의 사망률 역시 서울이 1,000명당 1.1명이라면 대구는 4.4명으로 지역 간 건강 격차가 상당히 큰 것을 알 수 있다.

사회적 약자인 장애인이나 어린이의 경우도 전문 의료시설에 대한 접근성이 전반적으로 떨어진다. 하지만 장애인과 어린이 각 각의 상황은 서로 조금 다르다. 장애인의 경우 이동성의 제한이 있 어 병원에 가고 싶을 때 가지 못하기 때문에 의료 접근성이 떨어 지는 문제가 있다. 예를 들어 2017년 기준으로 전체 인구 중 8.8% 만이 병원에 가고 싶을 때 가지 못한 경험이 있다면, 장애인은 17.2%가 그러한 경험을 한 적이 있다. 반면, 어린이의 경우는 전문

병원이 수도권에 집중되어 비수도권 지역에서는 지리적으로 거리가 멀어 접근성이 떨어지는 것이다.[169]

이처럼 수도권에 양질의 의료 자원이 집중되어 있는 한국 사회에는 필연적으로 지역 간 의료 이용 불균형이 발생할 수밖에 없다. 지역 간 의료 자원의 형평성 있는 공급과 함께 노인, 어린이, 장애인과 같이 취약계층도 필요한 경우 쉽게 의료서비스를 받을 수 있도록 만들어가야 한다. 한편 의료는 기본권이기 때문에 공동체 구성원 모두가 필요한 경우 적정하게 제공받아야 하고, 의료 자원이 형평성 있게 공급되기 위해서는 의료서비스의 질과 의료에 투입되는 재정의 개선이 지역사회에서의 의료체계 강화와 같이 이루어져야 한다.

한편 형평성을 추구하기 위해서 의료서비스의 질을 희생해서는 안 된다. 미래사회에서는 최상의 질적 수준을 갖춘 의료서비스를 공동체 구성원 모두가 필요한 경우 쉽게 제공받을 수 있어야만 한다. '최고 수준의 의료서비스'와 '형평성 있는 공급 시스템'이라는 두 가지 목표를 모두 달성해야 하는 것이다.

미래 도시는 건강 불평등이 없어야

현대를 사는 인류가 당면한 정치적·종교적·계급적 갈등의 주된 요인은 불평등이다. 인류의 역사를 뒤돌아보면, 수렵채집 시기, 즉 부의 축적이 없고 계급적 분화가 이루어지지 않았던 평등사회에서 문명 시기로 접어들면서 공동체가 형성되어 국가로 발전했다. 또한, 공동체를 관리하고 유지, 발전시키기 위한 권력의 체계가 만들어지면서 부의 축적과 함께 계급의 분화가 이루어졌는데 이는 공동체 구성원 간의 불평등을 가져왔다. 계급은 주인과 노예, 시민과 비시민, 귀족과 평민, 그리고 자본가와 노동자로 변화해왔지만, 근본적으로는 노동을 관리하고 그 잉여물을 소유하는 사람과 노동을 수행하고 자신을 재생산하는 사람으로 구분할 수 있다. 한편 이러한 불평등은 국가 간에도 일어나서 역사를 살펴보면 국가 간의 거래를 통하여 이익을 크게 얻는 국가와 타국에 종속되어 생산되는 잉여물의 대부분을 타국에 빼앗기고 스스로는 정체된 사회로 머물러 있는 국가 같은 양극화 현상이 끊이지 않았다. 그리고 이러한 양극화 현상은 최근 들어 더욱 심화되고 있다.

선진국과 후진국은 사회경제적 격차가 더욱 커지고 있고, 특히 과학기술 수준에서 상당한 차이를 보이는데 이러한 차이는 건강 상태와 수명의 격차로 나타나고 있다. 선진국들의 높은 기대수명과 달리 사하라 이남의 아프리카뿐 아니라 남아메리카, 동유럽 일부 국가들의 기대수명은 현저히 낮은 것으로 나타났다. 한편 인구집단 전체의 기대수명의 차이 외에 같은 인구집단 내에서도 성별 간 기대수명의 차이가 심하게 나타나는 곳도 있다. 예를 들어 브라질의 경우 전체 기대수명은 71.8세지만, 남녀에 따라 10세 이상 차이 나면서 성별 간 수명의 불평등 현상이 현저하게 나타나고 있다.

이 같은 성별 차는 얼마나 위험에 노출되느냐에 따라 다르며, 남성의 기대수명이 짧은 것은 부분적으로 높은 흡연과 알코올 소비율, 그리고 폭력으로 인한 사망에 그 원인이 있다.

일반적으로는 개발도상국의 기대수명이 낮은데, 그런 면에서 기대수명의 불평등이 성별뿐 아니라 사회경제적 지위 및 생활환경으로 인해서도 존재한다는 것을 알 수 있다. 그 외에도 위생시설의 보급, 공기의 질, 직업의 차이 등이 수명 불평등에 영향을 미치고 있다. 교육 수준에 따라서도 기대수명의 불평등이 나타나는데, 이 경우에도 남성의 기대수명이 더 영향을 받아서 교육 수준이 낮으면 기대수명이 크게 떨어지고, 동유럽, 중유럽, 남아프리카 지역에서 이러한 현상이 두드러지게 나타난다.

이와 같은 사실을 통해 알 수 있는 것은, 전 세계적으로 기술의 발달과 의료 수준의 향상 덕분에 많은 사람들이 의료혜택을 누리고 점차 건강한 삶을 살게 되었지만, 여전히 의료의 사각지대에서 혜택을 보지 못한 채 질병으로 고통을 받거나 삶을 끝내는 이들 또한, 무수히 많다는 것이다. 그것을 전 세계적으로 본다면 개발도상국들이, 국가적으로 본다면 의료의 접근성이 떨어지거나 높은 수준의 의료혜택을 받지 못하는 지역이 수명 불평등으로 인한 피해를 보고 있는 것이다.

이를 해결하기 위해서는 더 높은 수준의 의료기술을 발달시키는 것도 중요하지만, 사회적 취약계층에게도 의료혜택이 공평하게 돌아갈 수 있도록 의료 시스템을 변화시키는 것이 매우 중요하다. 모든 이들이 공평하게 의료혜택이나 치료를 받을 수 있는 환경을 만들기 위해서는 현재의 의료 시스템을 크게 개선하여 새로운 시스템으로 만들어가야 한다. 즉, 지역사회의 보건의료체계를 개선하고, 미래사회, 특히 미래 도시의 기반을 누구나 쉽게 건강을 관리할 수 있는 방향으로 설계하고 만들어가야 한다. 그렇게 되면 사회적 약자들 또한, 공정하게 사회의 일원으로서 혜택을 받고 더 많은 사회적 기여를 하게 될 것이다. 그리고 그러한 혜택은 모든 사회구성원이 누리게 될 것이다.

7장

도시를
계획하다

도시를
계획하다

전원도시의 등장

오늘날 당연하게 누리는 공원이나 정원은 역사적으로 보면 부유층의 특권이었다. 유럽 대도시 중심에 위치한 파리의 튈르리 공원이나 런던의 세인트 제임스 공원 등은 한때 왕의 사유지였다. 이후 개방 공간으로서 도시 공간의 일부로 설계되기 시작했을 때도 제한적인 인구만이 누릴 수 있었다. 일부 주택 단지의 거주자만이 사용할 수 있는 등 제한을 두었기 때문이다. 19세기가 되어서야 공원은 도시환경의 일부로서 공공 용도로 사용할 수 있게 배치되었다.[170] 유럽과 미국에서 공원과 같은 개방 공간이 공공 이용 장소로서 도시 인구에게 건강과 활력을 준다는 인식이 생겼기 때문이다. 19세기에 영국의 사회개혁 운동을 통해 도시의 개방 공간에 대한 초기 입법화 과정이 시작되었는데, 노동계급의 복지 향상과 노동생산성을 위한 휴식의 소중함, 그리고 사회 불안 감소 등을 목적으로 공원이 건설되었다. 영국에서는 공원이 복잡한 도시 생활과는 다소 거리가 먼 휴식과 즐거움을 제공하는 장소로 이용되었고, 미국의 경우 도시 미화 운동과 맞물려 누구나 사용할 수 있는 개방 공간으로서 공원을 만들어갔다.[171]

도시 속에서 자연을 곁에 두고 싶어하는 마음은 이윽고 영국의 에버니저 하워드Ebenezer Howard에 의해 전원도시의 형태로 발전했다. 그는 '도시와 농촌'의 요소를 모두 포함하는 전원도시를 계획하면서, 각 전원도시가 하나의 공동체이자 경제 단위라고 생각했다. 1898년에 하워드는 《미래: 진정한 개혁으로 가는 평화의 길 To-morrow: a Peaceful Path to Real Reform》이라는 전원도시에 대한 책을 출판했다. 하워드는 이 책에서 자족 도시 조성을 위한 구체적인 제안을 했는데, 도시와 농촌의 요소를 모두 포함하는 도시를 계획한 것이다. 그는 다음과 같은 몇 가지 도시의 문제점, 즉 현대 도시가 인접한 농촌 지역을 침식하는 문제, 대도시로의 농업 인구의 이동에 따른 농촌 인구 감소, 대도시 빈민가와 도시 과밀 현상, 그리고 도시의 비위생적인 환경 등을 전원도시가 해결해줄 것으로 믿었다.[172]

하워드는 이를 증명하기 위해 1903년에 '레치워스Letchworth' 라는 이름의 도시를 전원도시로 조성하는 데 노력을 기울였다. 그는 750만 평 규모의 농지 중앙에 위치한 주민 3만 명이 사는 도시를 계획했는데, 이 전원도시는 120만 평의 면적에 직경은 약 2.4km였다. 6개의 대로가 산업, 주거, 상업 지역의 동심원 고리를 뚫고 지나가고, 시청, 박물관, 미술관, 병원, 도서관, 극장 및 공연장으로 둘러싸인 6,000평 정도의 광장을 조성하여, 사람들이 모여들 수 있는 공간을 만들었다. 또한, '수정 궁전'이라고 불리는 쇼핑몰 사이에는 16만 평의 넓은 공원이 있었다. 주거지는 수정 궁전과 인접한 곳에서 시작하여 도시 외곽의 산업 단지로 향하는 지점에서 끝이 나며, 어느 주거지든 공원에서 200m 이상 떨어진 곳에 있지 않았다. 이러한 계획에 의하여 세워진 레치워스는 세계 최초의 전원도시였다. 하지만 그는 전원도시들이 기능적인 전문성을 가질 순 있지만, 수준 높은 문화는 중심부의 대도시에서만 누릴 수 있을 것이라 보았다.[173] 즉, 하워드의 계획에 의하면 전원도시들은 오늘날의 위성도시 역할을 하는 것이었다.

    미국 최초의 전원도시는 1920년대에 발전하지 못하고 방치된 교외도시를 해결하기 위한 몇 가지 개혁적인 아이디어에서 시작되었다. 메리 에머리Mary Emery는 20세기 초 가장 부유한 미망인 중 한 명이었는데, 수백만 달러의 재산을 가지고 있었다. 그녀는 이상적으로 계획된 공동체에서 노동자들에게 좋은 집을 제공하고 싶어했고, 그녀의 계획에 따라 '메리몬트Mariemont'라고 명명된 이 도시는 미국 최초의 전원도시가 되었다. 메리몬트의 중심부는 시청이나 소방서, 기타 공공 기관 등이 차지했고, 방사형 중심부의 일부는 녹지로 지정되었다. 나무, 벤치, 그리고 다른 편의시설들로 인하여 마을회관은 시민들이 시간을 보내기에 매력적인 장소로 꾸며졌다. 도심에 주거 및 여가 기능이 통합되어 있어 다양한 활동이 이루어지는 중심지가 되었으며, 이에 따라 지역사회의 사회적 분위기가 활기를 띠게 되었다. 이와 같이 작은 마을인 메리몬트는 교외 지역의 특성과 대도시의 특성 모두를 강조하는 방식으로 건설되었다.[174]

도시 미화 운동

1893년 5월 1일부터 10월 31일 사이에 잭슨 파크와 시카고 미드웨이 플라이즌스에서 열렸던 세계 컬럼비아 박람회는 가장 위대한 국제 박람회 중 하나였으며, 이후 건축과 도시계획에 강력하고 지속적인 영향을 끼쳤다.[175] 이 박람회를 준비했던 건축가와 조경사 들은 도시 디자인은 물론 사회의 완벽함을 대변한 백색 도시White City를 만들고자 했다. 백색 도시는 박람회 개장 전부터 이름을 널리 알렸는데, 이후 10년 동안 도시 미화 운동에 커다란 동력을 실어주었다. 컬럼비아 박람회를 이끌었던 옴스테드 주니어Frederick Law Olmsted Jr.는 도시 중심부에 기념비적인 건축물을 복원시키거나 활성화시켰으며, 도시 전체에 걸쳐 수백 개의 크고 작은 공원들을 제안하는 등 도시공원을 확장시키는 데 큰 역할을 했다.[176]

이처럼 도시 미화 운동은 1893년 시카고에서 열린 세계 컬럼비아 박람회에서 시작되었다. 도시 미화 운동의 지지자들은 미국 도시의 형태, 구조, 디자인에 있어서 광범위한 변화를 주장하였다. 이러한 변화는 주로 광장을 중심으로 설계되는 도시와 그 중심에 저명한 사람의 동상이나 분수, 기념비 등을 놓는 것이었다. 컬럼비아 박람회 이후 도시 미화 운동에 대한 이상을 가장 두드러지게 표현한 것은 1909년 시카고 계획이다.[177] 이러한 도시 미화 운동은 20세기 초 아름다움과 질서를 강조하고, 또 잘 계획되고 건설된 마을이 인간의 사고와 행동에 좋은 영향을 줄 수 있는 환경이 된다는 믿음을 바탕으로 장려되었다. 따라서 도시 미화 운동을 적극적으로 옹호했던 사람들은 개방된 공공 공간과 최신 시설, 깔끔하고 깨끗한 주택, 미적인 거리와 산책로를 통합하는 계획의 필요성을 주장했다.[178] 하지만 도시 미화 운동이 도시의 근본적인 사회적 불평등까지 해결하고자 한 것은 아니었다. 그들은 도시 개혁 운동이 빈민층들의 태도를 개선시킬 것이라 믿었지만, 기본적으로 이 운동은 엘리트 중심이었다. 실제로 컬럼비아 박람회에 참여한 아메리카 원주민이나 외국 문화 전시는 뒤로 밀려났다.[179]

한편 1890년 이래로 시카고는 심각한 장티푸스 전염병으로 골치를 앓고 있었다. 사실 1890년에서 1892년 사이에, 시카고는 미국과 유럽의 주요 도시들 중에서 장티푸스로 인한 사망률이 가장 높았던 도시 중 하나였다. 장티푸스를 일으키는 살모넬라균은 장을 공격하여 구토, 설사, 탈수, 고열 등을 일으켰으며, 심한 경우에는 혼수상태나 사망에 이르게 했다. 직접적인 접촉이나 식품을 통해 감염되기도 했지만 주된 원인은 오염된 식수였다. 시카고 관료들은 전염병이 시에 도달하지 않도록 하기 위해 시로 들어오는 모든 화물과 열차 등을 점검하고 소독을 실시했지만, 오염되기 쉬운 근처의 강과 호수에서 물을 끌어왔기 때문에 문제 해결이 쉽지 않았다.[180] 장티푸스 전염병은 건강에 상당한 위협이 되었기 때문에, 19세기 후반에는 의사, 건축가, 기술자, 정치인 등이 전염병에 대한 새로운 시책을 추진하기 위해 나섰다. 이들은 실내 배관 같은 새로운 기술을 도입하고 마을에 하수도와 상수도를 건설하여 전염병을 예방하고자 했다.

시카고 계획을 책임졌던 다니엘 번햄Daniel Burnham과 에드워드 베넷Edward H. Bennett은 경제적으로 번창하고, 멋지고 아름다우며 상업적인 대도시를 만들기 위해 조경이 잘된 넓은 도로들이 정교하게 통합된 네트워크를 제안했다. 이를 통해서 비효율적인 교통의 문제를 완화시키는 한편, 기업에게 매력적일 뿐만 아니라 재산 가치에도 도움이 되는 도시경관을 조성할 수 있을 것이라 보았다. 하지만 이들은 자동차가 엄청나게 늘어날 것은 예상하지 못했다. 1910년에서 1930년까지 약 20여 년간 자동차 등록 수는 40배가 넘게 늘어났고, 이로 인하여 도시계획의 방향성이 틀어지기 시작했다. 따라서 도시의 외형적 아름다움에 집중했던 기존의 도시계획을 실용적인 관점에서 다시 세워야 한다는 의견들이 제기되었다. 결국, 시카고 계획 위원회는 번햄과 베넷의 자동차 도로 계획을 근본적으로 재정립할 수밖에 없었다. 이는 넓은 도로와 멋진 대도시 개념의 시카고 계획이 아니라 도시에서 거리의 역할에 대한 새로운 관점이 필요함을 뜻하는 것이었다.[181]

삶의 질을 높이는 도시계획

도시화는 전 세계적인 현상으로 앞으로 적어도 수십 년 이상 더 지속될 전망이다. 전 세계 인구는 2020년 78억 명에 달했고, 2030년에는 85억 명, 2050년에는 97억 명, 2100년에는 110억 명을 넘어설 것으로 예상된다.[182] 이미 인구의 절반 이상이 도시에 살고 있으며 도시의 주민 수는 매년 약 7,300만 명씩 증가해왔다. 많은 사람들이 도시로 이주하면서 2019년에 55%였던 전 세계 도시 인구의 비율은 2050년이 되면 68%에 이를 것으로 전망된다. 유엔 경제사회국은 〈2018 세계 도시화 전망〉 보고서를 통해 향후 약 30년 사이 25억 명이 도시에 새로 정착할 것이라 전망했다. 도시는 이미 전 세계 GDP의 80% 이상을 차지하고, 전 세계 에너지의 60%를 소비하고 있으며, 전 세계 온실가스의 70%, 전 세계 폐기물의 70% 이상을 배출하고 있다.[183]

이와 같이 도시화가 빠르게 진행되면서 도시계획과 주거환경 계획의 중요성이 대두되고 있다. 왜냐하면 이러한 계획들이 도시민의 건강과 생활에 밀접한 영향을 미치고 있으며, 이를 개선할 수 있는 방안을 마련해주기 때문이다. 보행자들이 지역사회 안에 있는 기업, 학교, 병원, 그리고 녹지 공간에 쉽게 접근할 수 있도록 계획하고 조성한 주거환경은 도시민의 편의성과 안전성을 높일 수 있다. 그리고 이는 시민의 건강, 그리고 여성, 어린이, 노인 등 취약계층 보호 같은 기본적인 사회의 건강과 안전 서비스와도 연결된다. 특히 녹지 공간이 도시의 주거지 근처에 있으면 정서행동발달, 기억력, 주의력이 좋아지고, 우울증과 같은 증상이 줄어든다. 아마도 공원과 같은 녹지 공간이 있으면 걷기와 조깅 등 신체활동이 많아지는 한편, 대기오염과 소음을 줄이는 효과와 함께 스트레스를 줄여주기 때문일 것이다. 그리고 도시와 주변 지역 간 대중교통 연결, 적절한 보행 환경 조성, 자전거 이용의 편의성 등을 잘 계획하면 대기오염 및 소음공해를 저감하면서 도시민의 건강에 긍정적인 요인으로 작용한다. 결국, 도시화가 여러 가지 부정적인 영향을 끼쳐왔지만 잘 계획된 건물배치와 주거환경은 도시민들에게 다양한 이점으로 작용할 수도 있다.

도시의 '지속 가능한 발전'이라는 개념은 또한, 에너지 생산 및 소비와 긴밀히 연결되어 있다. 지속 가능한 발전을 추구하는 사회를 위해서는 에너지 사용이 환경적 영향을 최소화되는 방향으로 이루어져야 한다. 화석연료의 연소로 인한 대기오염 및 기후변화, 석유의 운송 과정에서 발생하는 해양오염, 유류저장시설의 관리

소홀과 송유관 부식으로 인한 토양오염 및 수질오염, 방사성 폐기물에 의한 토양오염, 원자력발전 시설의 냉각수에 의한 해양 수온 상승 등 에너지 생산과 소비는 다양한 환경오염 및 파괴와 연결되어 있다. 즉, 에너지 사용에 따른 환경 영향을 최소화하지 않으면 지속 가능한 발전은 기대할 수 없다.

도시의 건물배치 계획도 중요한데, 건물들이 같은 높이로 늘어서 있는 것보다는 건물들의 높이가 다양할 때 도시 공간 내 자연 환기 및 열섬 현상 감소를 촉진하며, 냉방 에너지와 온열질환 감소에 기여할 수 있다. 건축물에서의 에너지 사용은 대기오염과 온실가스 배출을 일으키기 때문에 화석연료를 기반으로 한 에너지 사용을 줄여야 한다. 또한, 고층 빌딩과 같은 인공구조물은 여름철에 태양복사열을 축적하고 야간에 주변의 대기로 그 열을 배출하여 열대야 및 도심 열섬 현상을 초래할 수 있다. 특히 최근 기후변화로 인해 혹서기에 지속적으로 발생하는 폭염은 이와 같은 도시의 열섬 효과를 더욱 악화시키고 있다. 열대야를 극복하기 위해 에어컨을 가동하면 에어컨 실외기는 끊임없이 고온의 인공 폐열을 도시 공간으로 배출하고, 이로 인하여 도시의 열대야가 더욱 가중되는 악순환이 발생하는 것이다. 도시 건물 자체가 온실가스 배출과 열섬 효과의 주요 원인이 되면서 인간을 비롯한 생태계의 생존을 위협하고 있다.

이와 같이 도시계획을 수립할 때는 에너지, 교통 시스템, 건축물 등 도시 환경을 이루는 모든 주제를 고려해야 한다. 특히 미래의 도시 건축물들은 건물 그 자체에서 발생되는 온실가스 배출량 감소를 위한 에너지 사용 절감, 효율 향상, 에너지 전환 등을 고려하고 열섬 효과를 줄이려는 방안을 마련해야 한다. 또한, 주민의 삶의 질을 유지시키면서 기후변화 적응 역량을 강화시키는 방향으로 접근해야 한다.

한편 도시계획을 수립할 때 다양한 계획 간의 연계와 융합 및 상호 영향 등에 대한 면밀한 검토를 통하여 서비스 제공을 위한 최적화 방안을 마련해야 한다. 여기에는 지역 내 다양한 이해 당사자들의 참여가 필요한데, 특히 취약계층이 소외되거나 배제되지 않도록 해야 한다. 즉, 도시민의 다양한 목소리를 담아 계획에 반영할 수 있는 포용적이면서 균형감 있는 개발 정책이 필요하다. 이러한 노력들을 통해서 도시는 지속 가능한 발전과 주민들의 삶의 질 향상을 동시에 이룰 수 있을 것이다.

미래 도시와 지속 가능한 교통

도시의 기능과 구조, 그리고 발전의 역사와 떼어놓고 생각할 수 없는 것이 도시 안과 밖을 서로 연결하는 교통이다. 잘 만들어진 교통체계는 도시 자체의 성장뿐 아니라 도시가 국가나 제국의 중심으로서 문명을 이끌어가는 역할을 하는 데 필수적인 조건을 이루었다. 고대 로마나 중국의 진나라가 제국이 되면서 심혈을 기울여 구축했던 것도 물자와 군사의 이동을 원활하게 하기 위한 도로망의 건설과 수레바퀴의 표준화였다.

사실 바퀴는 선사시대 목공 기술이 이룬 최고의 업적이라고 할 수 있는데, 바퀴가 등장하면서 인류의 이동 및 물류 운송 방식이 혁신적으로 바뀌었기 때문이다. 기원전 3000년 무렵 우르에서 왕의 시신을 무덤으로 옮기는 운반 도구로 사용된 기록이 있는 것으로 보아, 바퀴는 문명 초기에 발명되어 문명을 이끈 중요한 역할을 했다고 할 수 있다.[184] 이후 바퀴를 이용해서 동물이 끄는 수레가 유럽과 인도에 보급되었고, 기원전 1200년에는 중국에도 전파되었다. 바퀴 달린 수레를 이용한 이동과 정착, 그리고 기반 시설의 개발은 도시가 퍼져나가게 하는 수단이 되었고, 한편 도시에 모여 살게 된 사람들은 이러한 이동 수단을 통하여 필요 자원을 공급받았다.

산업혁명 이전까지는 바퀴 달린 수레가 주요 이동 수단이었지만 산업혁명으로 완전히 새로운 국면을 맞이했다. 최초의 기계식 육상교통수단인 증기기관차가 만들어진 이후 1820년대 영국에서는 근대적인 철도교통 체계가 들어섰다. 1950년 이후에 자동차가 본격적으로 대중화되기 시작할 때까지 상당한 기간 동안 철도교통이 중심적인 교통수단이었으나 이후에는 점차 자동차가 중심적인 교통수단이 되어갔다. 자동차 산업을 선도했던 미국과 유럽뿐 아니라 캐나다, 호주, 뉴질랜드의 도시에서 철도보다는 자동차를 이용해 도시 사이를 이동했을 뿐 아니라 도시 내에서도 자동차로 이동하는 형태로 발전했고, 이후 도시 생활은 자동차 의존적 성향을 띠게 되었다. 전원도시가 새로운 삶의 장소로 등장하게 된 것도 자동차라는 이동 수단이 있었기 때문이다. 사실 이러한 변화는 지나치게 자동차에 의존하는 형태로 나타났다. 도시에는 다양한 교통수단이 공존하는 것이 바람직한데, 자동차라는 한 가지 방식이 도시의 교통을 지배하면서 여러 가지 환경적 문제와 사회학적 문제들이 발생하기 시작한 것이다.

1970년만 해도 전 세계의 자동차 수는 약 2억 대에 불과했지만, 2020년에는 14억 대에 달했다. 넘쳐나는 자동차로 인한 교통체증, 교통사고, 대기오염 발생과 같은 문제들을 해결하기 위해 자전거 전용도로나 보행로의 확대 혹은 대중교통으로의 전환이 필요했지만, 대부분의 국가에서 실제로는 도로를 늘리는 방향으로 대응하면서 자동차 증가를 오히려 조장했다고 볼 수 있다. 그 이유는 대부분의 국가에서 중심도시를 거대도시화하고 이를 중심으로 다시 위성도시들을 만드는 전략을 택하고 있기 때문이다. 따라서 도시는 고속도로를 따라 시 외곽으로 확장되면서 건설되고 이동거리는 점점 길어지는 현상이 나타났다. 이와 같이 교통체계가 자동차 이용자들에게 유리하게 조성되면서, 더 많은 자동차와 더 많은 도로, 그리고 도시의 과도한 팽창이라는 악순환이 계속되었다.

교통은 도시에서 가장 많은 에너지를 쓰는 활동 가운데 하나가 됐고, 전체적인 탄소 배출원과 오염원의 상당한 부분을 차지한다. 이러한 문제를 해결하기 위해서는 우선적으로 대중교통 기반을 충분히 갖추는 것이 필요하다. 그리고 화석연료 대신 전기를 사용하는 일단의 새로운 교통 관련 기술도 하나의 대안이다. 실제 지난 몇십 년간 화석연료를 소비하는 시설의 환경적 영향과 석유 가격 상승이 전기 차량에 대한 관심을 불러일으켰다. 화석연료만으로 구동되는 차량과 달리, 전기 차량은 화석연료와 원자력, 그 외 조력, 태양력, 그리고 풍력 같은 재생에너지원, 또는 이런 동력들의 조합을 포함해 광범위한 자원을 활용할 수 있다. 앞으로 에너지의 저장과 효율성을 높이는 기술들이 발전하면서 전기 에너지는 머지않아 도시 교통의 주된 동력원이 될 가능성이 높다.

이러한 변화에 맞추어 자동차 산업 역시 전기 차량 중심으로 빠르게 옮겨가고 있다. 2016년 네덜란드 의회는 2025년부터 휘발유차와 경유차 판매를 금지하는 것을 지지했고, 노르웨이 정부도 그 뒤를 따랐다. 2017년 6월, 인도는 2030년까지 더 이상 새로운 휘발유나 디젤 자동차의 판매를 허용하지 않을 것이라고 발표했다. 심지어 세계 최대의 자동차 생산국 중 하나인 독일의 연방의회도 2030년까지 휘발유와 디젤 차량의 판매를 금지할 것을 요구하는 결의안을 유럽 위원회에 통과시켰다. 2017년 7월, 프랑스와 영국 또한, 2040년까지 가솔린과 디젤 차량의 판매를 금지할 것이라고 발표했다. 주요 산업체들도 전기 차량을 지지하고 있다. 사실상 모든

주요 자동차 제조업체들이 전기 차량에 대한 투자를 늘리고 있다.[185]

그러나 전기 차량이 현재의 화석연료 기반의 교통체계의 하나의 대안이 된다고 해도 이제는 지금과 같이 자동차와 도로를 늘리는 정책은 한계에 이르렀다. 따라서 근본적으로는 대도시 중심의 발전 전략이 바뀌어야 한다. 5만에서 20만 정도 규모의 자족적인 새로운 도시들이 교통을 중심으로 연결되는 것이 아니라, 교통 의존도를 줄이고 정보통신기술에 기반한 새로운 네트워크로 연결되는 전략이 필요할 수 있다.

미래의 도시교통체계는 신속성과 쾌적함 같은 편의성 위주의 전략에서 벗어나야 한다. 사람들이 생활에 필요한 어떤 장소에 가고자 할 때 접근성이 안전하게 충족될 수 있어야 할 뿐 아니라 교통을 이용하는 데 있어 차별적인 요소가 없어야 한다. 주변 환경도 고려하여 대기오염과 기후변화 가스의 방출을 억제하고 소음의 발생과 주변 지역에 대한 부정적 영향도 최소화해야 한다. 거주지 주변은 보행자 친화적이어야 하며 도보 거리 내에서 대부분의 생활을 할 수 있어서 노약자와 어린아이들도 자유롭게 이동할 수 있어야 한다. 결국, 탄소 배출이 적고 지속 가능한 교통체계를 통하여 주변환경에 끼치는 부정적 영향을 최소화하고, 주민들에게 안전한 접근성을 제공하는 도시를 만들어가야 한다.[186]

집에서 일하는 사회

역사적으로 볼 때, 마을이나 도시와 같은 거주 공간과 그 시대의 산업은 조응 관계를 이루면서 변화해왔다. 농경사회의 마을은 농부의 일터인 경작지와 주거지가 일치하거나 근접한 형태를 띠었다. 농업이 주를 이루던 시기에는 일손이 많이 들어서 가족 전체가 노동을 해야 했고 수명도 짧았기 때문에 할아버지부터 손자까지 3대가 모여 대가족을 이루고 살았다. 또한, 교통수단이 발달하지 않았기 때문에, 경제활동은 주로 수십, 수백 명으로 구성된 마을을 중심으로 이루어졌다. 마을은 일터인 직장과 주거지가 수평적으로 공존하는 양상을 보였으며, 유럽에서는 이러한 형태가 중세 봉건사회까지 이어졌다.[187] 그런데 이러한 직장과 주거지의 관계는 14세기에 들어와 런던을 포함해서 큰 유럽 도시들에 길드가 형성되자 변화하기 시작했다. 그리고 산업혁명을 거치면서 집과 일하는 장소가 완전히 분리되는 방향으로 변화했다.[188]

오늘날의 경제구조는 플랫폼을 이용한 주문형 서비스의 증가에서 새로운 시대적 변화가 나타나고 있음을 볼 수 있다. 이러한 새로운 유형의 서비스는 대부분 도시 환경에서 발생한다. 이러한 플랫폼 서비스는 인구 밀도가 높을수록 운영 효율성이 높기 때문이다. 한편 플랫폼 시장의 부상은 전통적인 기업의 경계와 업무 형태를 모호하게 하고 있다. 오늘날의 상당수 기업은 디지털 기술을 이용하여 전통적인 사업과는 다른 플랫폼 기반 사업을 창출하고 있다.

그리고 플랫폼 회사들은 고객, 생산자 및 제공자를 빠르게 연결하는 네트워크 효과를 창출함으로써 가치를 만들어내고자 한다.[189]

플랫폼 기반 사업은 노동의 수요와 공급체계에도 상당한 영향을 미치고 있다. 플랫폼 노동은 자영업자나 1인 기업가만이 아니라 은퇴자, 퇴직자, 주부, 학생 등 전통 경제에서는 일자리를 찾기 어려운 사람들에게도 일을 할 수 있는 기회를 제공한다. 결국 이러한 변화는 전문성을 기반으로 프로젝트에 따라 이동하는 1인 기업, 지식 유목민, 그리고 독립적인 지식노동자나 전문직의 증가로 이어질 전망이다. 전통적인 정규직보다는 일시적이고 독립적인 일자리가 증가할 것이고, 이에 따라 노동 시간과 장소의 경계가 모호해질 것이다. 한편, 이러한 변화는 노동자의 노동에 대한 자기 결정권이 강화되는 긍정적 효과도 있지만, 동시에 고용의 불안정성으로 이어질 우려도 있다. 따라서 고용의 불안정성을 극복하고 긍정적 효과를 최대화하는 전략이 필요하다.

노동 시간과 장소가 일정한 틀에 얽매이지 않게 되면 공간에 구속되어 있던 전통적인 노동의 성격도 바뀌게 된다. 과거에는 농업은 토지에, 제조업은 공장이라는 생산시설 안에 매여 있었지만, 이제는 어디서든지 가능해졌다. 특히 지식 노동은 더욱더 공간적 구속을 받지 않게 된다. 경영, 연구개발, 교육 및 컨설팅 등 지식산업은 컴퓨터와 전산장비라는 업무 도구만 있으면, 공간의 제약 없이 어디서나 업무가 가능한 특성을 가지고 있기 때문이다. 이와 같이 지식산업이 증가하고, 업무가 전산화되면서 주거 공간이 업무 공간이 될 수 있는, 즉 산업혁명 이후에 분리되었던 직주 공간이 다시 합쳐지는 변화가 본격적으로 일어날 것이다. 다시 주거지와 직장이 하나로 통합되는 직주 일치의 사회로 변화해가는 것이다.

따라서 앞으로는 사무실이라는 고정된 장소에서만 일을 하는 것이 아니라 네트워크를 통해 연결되면서 많은 일이 주거지 내에서 이루어질 것이다. 한편으로는 자유롭게 이동하면서 업무를 볼 수 있는 공유 오피스에 대한 수요도 증가할 것이다. 이러한 업무 환경의 변화를 생각하면 미래 도시는 주거 공간을 중심으로 공공서비스를 제공하는 커뮤니티 센터와 함께 공유 오피스, 상점, 그리고 녹지가 모여 있는 복합용도지구의 형태로 재편될 가능성이 크다.

지금까지 산업사회는 기업의 계층적 구조를 반영하듯 고층 빌딩을 선호했다. 반면에 지식 산업은 계층적 조직을 구성하여 업무를 수행하기보다는 수평적 조직의 형태를 취하는 것이 더 효과적이다. 직원들 간의 자유로운 의견 교환과 협력을 촉진하는 것이 더 생산적이기 때문이다. 한편 시설들이 지나치게 수평적 형태로 만들어지면 토지 이용에 효율성이 떨어질 뿐만 아니라 사람들 간의 교류가 줄어 상호작용과 협력이 충분히 일어나지 않게 된다. 결국, 수직적 구조와 수평적 관계를 기능적으로 해결하는 중층의 복합 구조 형태의 건물로 이루어진 공간에서 업무도 보고 거주도 할 수 있는 시설과, 생활의 편의성을 높이는 상점과 같은 근린시설, 그리고 공원과 같은 녹지 환경이 어울린 형태가 바람직한 미래의 도시 모습이 될 것이다.

미래사회를 위한 교육의 대전환

교육은 단순히 지식과 기술을 전달하는 데 목적이 있는 것이 아니라 공동체에 활기차게 참여할 수 있도록 구성원을 준비시키는 과정으로 이해해야 한다. 오늘날 교육이 성공적으로 이루어지지 않는 이유는 지식과 기술을 제대로 전달하지 못해서가 아니라 공동체의 구성원으로서의 가치관과 역할에 대해서 충분히 교육하지 못한 결과라고 할 수 있다. 그런 면에서 교육의 목적과 방법의 대전환이 필요하다. 공동체는 시간적·장소적인 특성이 있을 뿐 아니라 '공동체를 구성하는 사람들 간의 관계'라는 의미를 지닌다. 따라서 교육은 지금 우리가 살고 있는 사회에서 다른 구성원들과 협력하여 보다 나은 삶을 살 수 있는 방법을 가르쳐주는 것이어야 한다.

교육기관은 이미 교실의 경계를 초월한 새로운 학습 형태를 시험하고 있으며, 전통적인 역할을 넘어 스스로의 역할을 확대하고 있다. 미래사회는 현재의 정보 학습을 중심으로 하는 교육체계로부터 탈피할 것을 요구한다. 정보 학습은 지식과 기술을 습득하고 전문가를 배출하는 것이 목적이었지만, 이제 사회는 어떤 특수한 분야의 전문가를 양성하는 것만을 교육의 목적으로 삼을 수 없다.

혁신적인 교육은 전문성을 갖추게 하는 학습을 넘어 사회의 가치관을 습득하고 공동체 사회에 참여하고 공동체를 활성화시킬 수 있는 시민적 덕성을 갖춘 교육이어야 한다.

따라서 지식과 기술을 습득하는 정보 학습에서 의사 결정을 위한 정보 검색과 분석, 그리고 이러한 정보를 활용할 수 있는 종합적 역량을 갖추게 하는 방향으로 교육이 전환되어야 한다. 이와 더불어 자신이 습득한 전문성을 기반으로 하여 공동체의 다른 구성원들과 효과적인 팀워크를 이룰 수 있는 역량을 함양하는 학습으로 변화되어야 한다. 이러한 역량을 개발하는 것을 목표로 할 때, 교육 과정에서 어떠한 학습을 제공하였는지가 아니라 학생들이 갖추어야 할 역량에 초점을 맞추는 평가와 피드백이 중요해질 것이다.

아마 미래에는 대학교 이상의 교육은 오늘날처럼 학교에 직접 가서 교사와 대면 수업을 하는 것이 아니라, 상당 부분이 사이버 공간에서 실행될 것이다. 이러한 사이버 강의도 단지 강의실 교육을 온라인으로 옮겨놓은 것이 아니라 교육 플랫폼을 통해 학생들이 참여하여 스스로 습득해나가는 '대화식 교육interactive education'이 주가 되어야 한다. 그렇다고 해서 학교라는 공간 자체가 필요하지 않은 것은 아니다. 학생들이 사회 구성원으로 성장하기 위해서는 학교라는 공간이 사회에 나가기 전 예비 체험의 장으로 중요하기 때문이다. 또래와 같은 공간에서 어울리며 사람들 간의 규칙과 사회적 약속을 배우면서 한 사회의 일원으로서 성장해나가는 곳이 학교다. 따라서 사이버 공간에서 온라인으로 수업이 이루어지더라도, 학교와 같이 학생들이 모이는 장소가 필요할 것이다. 다만 학교가 교육을 독점적으로 수행하는 장소로서의 역할에서 벗어나 거주지 혹은 지역사회와 교육의 기능을 분담하고 이를 수행하는 기관으로 변해야 한다는 것이다.

한편 증강현실, 가상현실, 인공지능 등의 발전으로, 교육 콘텐츠 전달 방식 또한 다양해지고 있다. 교육 어플리케이션과 전자 도서, 학교 간 공유 플랫폼 등 온라인 기반의 교육 환경이 제공되면서 학습의 물리적 제약이 점차 사라지게 될 것이다. 자동화된 평가, 학생 간의 상호 학습, 개인 맞춤형 과제, 가상회의 시스템 등 기술의 발전은 전통적인 교사 위주의 교육에서 학생이 스스로 능동적으로 교육 활동에 참여하는 방향으로 변화시킬 수 있다. 또한, 이러한 교육 기술 및 방식의 변화에 힘입어 교사들은 교육 디자이너이자 코치 그리고 조력자로서 학생들에게 개인별 맞춤 학습을 제공할 수 있다. 따라서 미래의 교육 공간은, '다양하고 창조적인 학습'의 제공을 통해 사회가 요구하는 전인적인 교육을 실현하는 배움의 장으로서 역할을 하게 될 것이다.[190]

한편 교육에 참여하는 것 자체는 전반적인 건강 상태와 상당한 관련이 있다. 특히 정신 건강과 복지 수준에는 교육참여가 보다 직접적인 영향을 미친다. 따라서 나이가 들어서도 계속해서 배울 수 있다면 노동 시장에 더 오래 참여하고, 정신적인 회복 능력을 구축하고, 건강과 복지를 누리는 데 도움이 된다. 특히 65세에서 75세까지 젊은 노인의 사회적 생산 참여를 지원하기 위해서는 새로운 교육과정과 시스템이 필요하다. 노인 인구의 신체적·정신적 특성에 맞춰 교육방법도 교실 교육이 아니라 주거지에서 온라인이나 소그룹 지도, 혹은 개별지도 등이 이루어져야 한다. 이를 위해서는 노인 인구에게 교육을 제공할 수 있도록 교육 자원이 재분배되어야 할 것이다.

건강을 돌보는 의사를 양성하는 의학교육에 있어서도 큰 변화가 필요하다. 1910년의 미국으로 돌아가 보면 에이브러햄 플렉스너Abraham Flexner에 의해 주도된 의학교육에 관한 보고서가 당시에 획기적인 의료 개혁을 촉발했다. 의과대학의 커리큘럼에 현대 과학을 통합함으로써, 의학교육이 진일보하였고 우수한 의사 인력이 배출되기 시작하였다. 그리고 이로부터 시작된 의료 개혁은 지난 한 세기 동안 수명을 두 배로 늘리는 데 크게 기여했다. 그러나 21세기가 시작되면서 그동안 잘 작동했던 메커니즘이 삐걱거리는 현상이 나타났다. 건강의 격차와 불평등이 국가 내에서나 국가 간에 지속되었을 뿐만 아니라 때로는 확대되었으며, 그동안 이룩한 의학 발전의 성과도 공평하게 공유하지 못하는 실패를 경험한 것이다.

동시에, 새로운 건강상의 문제들도 생겨났다. 급속한 인구학적 변화와 질병의 변천은 새로운 전염성 질환의 위협과 함께 환경적 위험이나 나쁜 생활 습관으로부터 초래되는 만성질환을 만연시킴으로써 사람들의 건강을 위협하게 되었다. 이제 이러한 건강 문제는 점점 더 복잡해지고 비용이 많이 들어 감당하기 어려운 수준에 이르고 있다. 한편 의학교육은 이러한 변화에 제대로 대응하지 못했는데, 이는 낡은 방식의 교육을 고집해왔기 때문이다. 이제는 끊임없이 새로워지는 의학 지식을 습득함과 함께, 전문적 역량을 지역사회의 조건과 환경에 맞추어 발휘할 수 있게 하는 맞춤형 교육, 즉 새로운 교육 기술이 접목된 의학교육이 필요하다.

현재 의학교육에서 전달하는 지식의 양은 강의실에서만 습득하기에는 너무나 방대하다. 따라서 현재와 같이 온종일 강의실에서 넘치는 정보를 전달하고 이를 학생들이 잘 소화해서 자신의 지식으로 만들 것으로 기대하는 것 자체가 무리다. 미래의 의학교육은 필수적인 의학정보와 보조적인 의학정보를 구분해서, 필수적인 정보는 모든 학생이 습득하게 하고 보조적인 정보들은 관심과 능력에 따라서 습득할 수 있게 하는 맞춤형 교육이 필요하다. 정보의 전달 방식도 플립형 학습flipped learning 방식을 채택하여 대부분의 정보는 다양한 매체를 이용하여 학생들이 원하는 시간에 미리 찾아볼 수 있게 하고, 강의실에서는 학생들의 질문을 중심으로 대화하여 이해 못한 부분을 보완하거나 좀 더 깊이 있는 정보를 전달하는 방식으로 바뀌어야 한다. 이것이 온종일 강의실에서 정보를 전달받는 방식에 비하여 훨씬 효율적이고 학생들 개개인에 맞는 역량을 키울 수 있다.

사실 의학교육을 예로 들었지만 미래에는 대학교육 전체가 이와 같은 플립형 교육 방식으로 전환하는 것이 바람직하다. 이러한 전환은 강의실이라는 공간 중심의 교육에서 '교수와 학생의 대화'라는 사람 중심의 교육으로 바뀌는 것을 의미한다. 실제 교수와 학생의 만남은 대학 캠퍼스라는 장소의 구애를 받지 않아도 된다. 예를 들어 교수와 학생은 소그룹 형식으로 온라인상에서 만나서 지식을 전달하거나 대화할 수 있다. 즉, 미래사회에서는 대학교육도 강의실에 모여야 하는 캠퍼스 중심에서 탈캠퍼스, 즉 온라인 교육을 기반으로 하는 분산형으로 전환되는 방향으로 발전할 것이다. 집이나 커뮤니티센터가 대학 캠퍼스를 대신하여 교육이 이뤄지는 주된 공간이 될 것이다.

8장
건강한
신문명 도시

건강한
신문명 도시

새로운 도시 모델들이 제안되다

1486년에 페스트가 밀라노를 휩쓸면서 밀라노 시민의 절반이 사망하는 것을 목격한 레오나르도 다빈치Leonardo da Vinci는 도시가 문제라고 생각하고 이상적인 도시를 계획했다. 노트와 스케치로 작업한 그의 설계도에 의하면, 티치노강을 따라 건설된, 수직 계단으로 연결되어 이층으로 디자인된 새로운 도시의 모습을 볼 수 있다. 광장, 터널, 운하, 발코니 등을 기하학적으로 설계했는데, 도시의 지상층에는 멋진 주택과 보행자 전용 거리를 두고, 하층에는 각종 물자와 동물이 이동하는 지하도가 들어서도록 하였다. 다빈치 이전에는 이와 같이 건강을 중심에 두고 고안된 도시는 없었고, 이러한 생각이 적용되기 시작한 시기도 18세기 이후다.

산업혁명 이후, 생활환경이 인류 건강에 영향을 끼친다는 것을 경험적으로 확인하고 나서 주민의 건강을 고려한 도시 환경을 본격적으로 계획하려는 노력이 시작되었다. 그 일환으로 영국에서는 주택 및 도시계획 등에 관한 법이 1909년에 제정되면서 환경 개선 차원을 넘어서 '도시계획'이라는 개념의 최초의 법안이 만들어졌는데, 이 법안은 다닥다닥 붙여서 주택을 짓는 것을 금지하기 위한 것이었다.

에버니저 하워드는 당시 영국에서 도시계획의 개념을 주장했던 대표적인 인물이었으며, 1898년 그의 책을 통해 전원도시 모델을 소개했다. 그는 현대 산업도시의 모형은 사람의 정착지로 적절치 않다고 생각하고, 인간의 욕구와 열망은 도시와 시골의 가장 좋은 요소를 결합한 새로운 형태의 정착지를 통해 충족될 수 있다고 주장했다. 그리고 그 속에서 새로운 사회적·경제적 관계를 만들어나가는 것이 가능하다고 보았다. 그는 특히 대도시 중심가로의 농업 인구 이동과 그에 따른 농촌 인구 감소, 대도시 빈민가의 성장과 이에 따른 도시 과밀화, 특히 대도시의 비위생적 조건들을 전원도시가 해결할 수 있다고 믿었다.

영국에서 하워드가 전원도시를 주창하며 새로운 형태의 도시 모델을 계획했다면, 미국에서는 옴스테드가 인구 밀집의 문제점과 위생시설이 부족한 도시 디자인을 비판하면서 새로운 도시 모델인 교외도시를 제안했다. 그도 역시 고밀도의 건축물이 밀집되어 있는 도시의 형태가 과연 건강한 삶을 살 수 있는 지역인지 의문을 품었다. 그는 건축물의 밀도를 낮추기 위해서 나무와 같은 식물이 있는 공간과 널찍한 공원과 같은 개방 공간이 도시 환경에서 필수적인 요소라고 주장했다. 나아가, 원형으로 도시를 둘러싼 교외 지역이 도시를 건강하게 만드는 해결책이라고 보고, 넓은 도로와 공원으로 구성되어 있고 교외 지역으로 둘러싸여 있는 도시가 이상적인 도시라는 견해를 갖고 있었다.

이와 같이 영국의 하워드나 미국의 옴스테드는 대도시의 문제점을 해결하려고 새로운 도시 모델을 제안했지만, 사실 이 모형들은 중심도시를 중심으로 한 위성도시의 종속적 관계를 기본적인 개념으로 한 것이었다. 특히 이들이 해결책으로 내세웠던 인구 분산은 단기적으로는 사람들의 건강에 긍정적 영향을 끼치는 것으로 보였으나, 장기적으로는 그렇지 않았다. 우선 위성도시에 거주하는 시민들이 퇴근을 하면 중심도시는 밤마다 슬럼화되었고, 오고 가는 거리를 자동차로 이동했기에 신체활동 저하와 대기오염의 악화를 초래했다. 이 외에도 사람들 간의 교류가 적어지고 도시의 안전 문제가 생기는 등 생각하지 못했던 문제들이 발생했다. 특히 위성도시의 개발은 무질서하게 주택이 펼쳐지는 현상, 즉 스프롤sprawl 현상을 가져왔는데, 이는 밀도가 낮고, 공간적으로 서로 떨어져서 분리된 토지 용도, 그리고 서로 간에 연결이 잘 되지 않는 거리 등을 특징으로 한다.[191]

한편 혼잡한 파리의 모습을 보고 이를 완전히 뜯어고치고 싶어했던 르 코르뷔지에Le Corbusier는 1925년에 센강 북쪽 파리 중심부의 대부분을 밀어버리고, 그 자리에 직각의 격자형 도로를 만들고 공원 같은 녹지 위에 십자형의 60층 고층건물들을 배치할 것을 주장했다. 이 계획은 실현되지 않았지만 이러한 모더니즘 건축가들이 도시계획에 미친 영양은 상당히 컸다. 그러나, 목표로 했던 멋진 도시의 모습이 이루어지지 않고, 오히려 이러한 계획에 의하여 세워진 녹지대 내 고층건물들은 곧 거대한 주차장 내 고층 건물들로 전락하곤 했다. 수천 년간 도시 기능의 핵심이었던 '거리에서의 삶'이 파괴되었기 때문이다. 오래된 거리는 복잡하고 일관성이 없었지만 그것이 도시의 매력이기도 했던 것이다.

주거지의 분리 정책, 문제점을 드러내다

자동차의 출현은 무질서한 도시 개발의 촉매제가 되었다. 도시의 무질서한 확장에는 자동차 말고도 다른 요인들이 영향을 주었겠지만, 아마도 자동차의 증가 없이는 중심도시 주변이 이와 같이 개발되지는 못했을 것이다.[192] 21세기에 들어선 지금 미국인 2명 중 1명은 교외에 살고 있다. 그런데 주택, 소매점, 사무실, 산업 시설, 레크리에이션 시설, 공원 같은 공용 공간은 구역을 지정한 법률에 의해 서로 분리되어 있기 때문에, 교외 거주자들은 신문이나 우유 등 생활용품을 사기 위해 차를 운전하여 움직여야 한다.[193]

농촌 인구가 도시로 계속해서 유입되면서 1790년에는 미국 인구의 95%가 농촌에 거주하고 5%만이 도시에 거주했는데, 1920년에 이르자 도시 인구가 전체 인구의 50%를 넘었다. 한편, 같은 도시 인구라도 중심도시와 위성도시의 인구 구성이 변화하여 위성도시에 사는 인구가 상대적으로 늘어나기 시작했다. 이러한 변화로 1950년에는 도시 지역에 사는 인구의 65%가 중심도시에 거주했지만 1990년에는 37%로 떨어졌다.[194] 이것은 중산층 백인들이 교외 도시로 빠져나감과 동시에 흑인들이 중심도시로 몰려들기 시작한 것과도 관련이 있다. 결과적으로 백인과 흑인의 주거공간의 차이는 미국 사회에서 인종차별적 인식이 커지는 데 기여했다.[195]

한편 도시에 사는 인구가 늘면서 사회적 갈등이 심화되었고, 이는 인구 분산, 더 나아가 인구 분리를 위한 도시계획을 시행하기에 이르렀다. 역사적으로, 인구 분리를 위한 구역제는 고대에서부터 시행되던 토지계획 방법으로, 용도에 따라 토지의 사용을 분류하고 규제하기 위한 방안이다. 그런데 도시 안에 있는 공장과 관련되어 인구 밀집, 환경오염, 그리고 도시내 지역간 불평등 문제가 커지자 도시 계획자들이 기능적 사용의 분리와 함께 인구 특성에 따른 분리의 필요성을 고려하게 된 것이다.

구역제의 개념이 도입되면서 독일을 시작으로 많은 국가들이 주거용, 상업용, 산업용으로 '구역'을 나누어 각 부지에 맞는 건물을 짓기 시작했다. 미국의 경우 1904년 로스앤젤레스에서 도시의 일부에 대해 전국 최초의 토지 이용 제한을 설정했다. 1916년에는 뉴욕에서 도시 전역에 적용하기 위한 최초의 구역제 규정을 채택했는데, 이 법률에 따라 미국의 나머지 지역에도 구역제 형태를 정하게 되었다. 그 이후 20년 동안 1,300여 개의 자치단체가 구역제를 채택했고, 1930년까지 미국 도시 인구의 80%가 구역제 규제를 받는 자치구에서 살게 되었다.

구역제 제정 이후 도시 내 특정 물리적 지역을 지정하고 그 지역을 특정한 용도로 제한하며 주거 지역과 상업 지역, 그리고 제조업 지역으로 구분하기 시작했다. 그런데 구역제는 인구 분리라는 불평등의 사회구조를 거주지에 적용하였다는 문제점뿐 아니라, 생각하지 못하였던 인종차별과 같은 부작용을 낳았다.[196]

고밀도 도시가 제안되다

이러한 변화로 인하여 이전에는 도시의 다양성과 활력이 지역 내의 다양성에서 만들어졌지만, 특정한 이용 목적으로 구분된 건물과 구역 패턴은 도시 안에 있는 동네의 성격과 모습을 파괴하여 다양한 기능의 상호작용을 통한 공생의 기반이 상실되고 말았다. 이러한 문제점들을 인식하면서 20세기 중반이 되자 도시 공간을 분리된 용도가 아니라 여러 용도가 결합되거나 혼합되는 장소로 이해해야 한다는 논의가 오가기 시작했다. 혼합 사용이란 하나의 건물이나 연결된 건물 내에 주거와 상업 서비스의 두 가지 기본적

이용 목적이 혼합된 형태로, 지역에 생동감과 시너지 효과를 가져올 수 있다. 이후 도시계획은 한 건물 내에서 또는 특정한 지역 내에서 상업용과 주거용 장소가 통합되는 계획으로 변화하기 시작했다. 이 같은 혼합적 개발은 그 장소에 끊임없이 드나드는 사람들로 인해 자연적인 감시가 가능하기 때문에 동네의 안전을 강화할 수 있는 이점도 생겼다. 안전의 문제는 인적이 드문 장소에서 감시의 눈길을 피해서 발생하기 때문이다.

사실 도시가 만들어내는 다양성은 무척 많은 사람들이 서로 가까운 거리에서 생활하며 서로 다른 취향과 기술, 욕구, 생각이 존재한다는 사실에 의존한다. 다양하고 풍부한 상점들이 있는 도시 지구에는 다양한 문화적 기회나 풍경, 사람들 간의 교류를 통해 다양성을 발견하기 쉽다. 도시가 다양성을 만들어내는 것은 다양한 용도를 효율적으로 모아놓기 때문이다. 다양한 용도를 만들어내는 바로 그 물리적·경제적 조건이 도시의 활력을 만들어낸다. 작은 지리적 범위에 집중된 인구, 즉 고밀도로 집중된 인구는 또 다른 활력의 원천이다. 다양성을 가진 고밀도 도시는 자발적이고, 융통성 있고, 쾌활하며 또한, 기동력 있는 삶의 방식을 가질 수 있다. 고밀도 인구와 복합주거단지는 일상생활이 자발적이고 쾌활해지는 환경을 제공할 뿐 아니라, 적절하게 운영되고 관리된다면 개발에 의해 주변 자연환경이 훼손되지도 않기 때문에 생태적 균형이 실현되는 조건이 될 수도 있다.

따라서 저밀도 개발이나 구역제와 같은 분리 정책의 문제점을 극복하는 유일한 대안은 자족적인 작은 규모의 고밀도 도시라고 할 수 있다. 인체가 최적의 밀도에서 압축적인 구조를 가지고 있는 것처럼, 최적의 밀도에서 실행 가능한 정착지가 필요하다. 따라서 미래에는 기하학적으로 통합된 고밀도 도시, 그러나 수없이 많은 높은 건물들로 둘러싸인 대도시가 아니라 다양한 높이의 건물들로 이루어진 고밀도 중소형 도시가 표준적인 모형이 되어야 한다.[197]

한편 지금까지의 도시 개발 모형들은 도시의 효율성과 경제적 생산력만 강조한 나머지, 인구의 건강은 그다지 중요한 고려 대상이 되지 못했다. 물론 산업혁명 시기에 노동자들의 열악한 생활환경과 이로 인한 건강 상태가 경제에 미치는 영향을 경험적으로 습득하면서 현대 도시들은 기본적인 위생시설을 갖추어왔지만, 오늘날 현대인이 겪는 질병은 감염성 질환뿐만 아니라 만성질환과 퇴행성질환까지 매우 다양하기 때문에 위생시설만으로는 시민의 건강을 보장할 수 없다. 20세기 초에 도시로 인구가 모여들었을 때는 지구상의 멀리 떨어진 지역에서 발생한 감염성 질환이 팬데믹이 되어 생존을 위협하는 상황이 닥치거나 성인 인구의 다수가 만성질환을 가지게 될 것이라고는 짐작조차 하지 못했을 것이다. 따라서 변화하고 있는 질병 양상에 충분히 대응할 수 있는 도시의 시스템을 갖추어야 한다.

예를 들어 신종 감염병 유행을 개인의 위생활동을 통해서, 또 당뇨병이나 심장질환과 같은 만성질환을 개인의 생활 습관 개선을 통해 예방하거나 치료하기는 어렵다. 이러한 질환들은 문명이 발전하면서, 특히 도시가 현대화하면서 출현하였기 때문에, 개인의 노력만으로는 해결하기 쉽지 않은 것이다. 이러한 질환들은 그 근본원인, 즉 원인 중의 원인이라고 할 수 있는 사회적 요인들의 영향을 받기 때문이다. 새로운 도시의 모형을 만들고, 도시 속의 커뮤니티가 질병을 예방하고 관리할 수 있도록 디자인해야 하는 이유다. 질병 예방의 개념도 이제는 개인 차원의 예방 개념이었던 1차, 2차, 3차 예방, 즉 예방접종부터 조기진단, 그리고 재활에 이르는 질병 예방에서 보다 근본적인 원인, 즉 사회적 요인에 대한 질병 예방인 0차 예방을 포함하는 개념으로 바뀌어야 한다.

건강하고 활력 넘치는 도시의 계획

사실 현대 도시들은 몸집만 거대해졌을 뿐, 인간의 건강에 미치는 영향에 대해서는 충분한 고려 없이 설계되고 만들어지고 있다. 도시는 사람들이 모여 사는 공간이기에 사람들의 활동을 중심으로 설계되어야 한다. 즉, 주변 환경은 물론, 사람들 간에도 상호작용을 하는 공간이기 때문에 건강에 영향을 주는 환경문제와 사람들 간의 관계성을 반드시 고려해야 한다. 최근에 논의되고 있는 스마트 도시를 설계할 때도 이러한 상호작용을 고려하는 것이 필요하다. 인간 활동의 편의성을 높이는 것만이 진정한 인간 중심적인 디자인이라고 할 수는 없다. 편의성만을 염두에 둔 디자인은 자칫 신체활동을 최소화하는 방향으로 설계되어서 건강에 매우 부정적인 영향을 끼칠 가능성이 크다. 예를 들어 아침에 눈을 뜨면 커튼이 열리며 아침식사가 침대로 배달되고 집을 나서면 기다리고 있던 자율주행차량에 몸을 싣는 생활을 이상적인 도시 생활로 보고 도시를 계획한다면 큰 오산이다. 이러한 도시에서는 인간이 신체적으로 퇴화하고 이전보다 오히려 건강하지 못한 상태가 될 가능성이 크기 때문이다.

지역사회 내에 활력 있는 복합형 커뮤니티를 계획적으로 만들고자 했던 최근의 도시 재생 운동 역시 성공적이었다고 보기 어렵다. 지역의 특성을 살린 건축물들이 들어서면서 지역 상권의 활성화에는 성공했지만, 그 지역에서 오랜 기간 생활해왔던 주민들을 내쫓는 젠트리피케이션gentrification으로 나타나곤 했다. 상업적인 활성화만을 목표로 해서는 활력 있는 도시를 만들기 어렵다. 이런 경우 살기 좋은 동네가 아니라 거주지가 상업지구로 바뀌는 역할 이상을 하지 않기 때문이다.

한편 도시에 고밀도로 집중된 인구는 엄청난 활력의 원천이며, 작은 범위의 지리적 공간에 집중된 인구는 다양한 가능성을 갖는다. 따라서 도시생활을 북돋기 위해서는 필요한 곳에 인구를 집중시키고, 더 나아가 거리가 활기찬 생활의 중심이 되도록 다양한 상점을 비롯해서 시각적으로 가능한 많은 다양성을 제공하고 장려하는 것이 중요하다.[198] 도시는 다양한 삶의 방식, 말하자면 자발적이고, 기동성과 융통성이 있고, 무엇보다도 열려 있는 삶의 방식을 장려하는 곳이어야 한다. 이런 도시는 일상생활이 자발적이고 쾌활하며, 정의와 생태적 균형의 조건이 실현될 뿐 아니라, 인간적이며 자연스러운 미래사회의 삶의 기반이 될 것이다

한편 사회적 연대, 그리고 그 반대 의미로서의 배제는 가족, 친구 또는 근린지역과의 상호관계를 촉진하거나 억제함으로써 사람들의 안녕에 영향을 미칠 수 있다. 이러한 관계들은 스트레스가 많은 상황들을 완충하는 신체적·정서적 지지가 되어줌으로써 건강을 증진하고, 질병의 회복, 고립의 방지, 그리고 자기 존중감의 증가에 기여할 수 있다. 사회적 네트워크는 또한, 좋은 의료서비스 혹은 보육 시설, 고용 및 교육 기회를 어디서 찾을 수 있는지, 혹은 좋은 상품 혹은 서비스를 어떻게 합리적인 가격에 구할 수 있는지와 같은 정보를 제공할 수도 있다. 사회적 연대는 또한, 입법 의제를 형성하거나 지역적으로 바람직하지 않은 개발 프로젝트를 멈추게 하는 것과 같은 정치적인 의사결정에도 영향을 줌으로써 안녕에 기여할 수 있다.[199]

1986년 세계보건기구는 도시의 물리적·사회적 환경을 지속적으로 개선하며, 사람들이 삶의 여러 가지 기능을 적절하게 수행하고 그들의 잠재력을 극대화할 수 있도록 지역사회 자원을 이용한다는 목표를 세우고 '건강도시Healthy City' 프로젝트를 시작했다.

건강도시라는 용어는 유럽 연합과 연계하여 개발되었는데, 이 프로젝트의 궁극적인 목적은 건강을 증진할 수 있는 도시환경을 만들고 시민의 삶의 질을 향상시키며 기본적인 위생시설과 의료서비스를 제공하는 것이었다.

사실 건강을 중심에 놓지 않고 살기 좋은 동네를 만들려는 노력으로는 커뮤니티를 진정으로 활성화시키기 어렵다. 따라서 건강을 지키는 데 필수적인 보건의료서비스를 주민들에게 차등 없이 공급하고 보편적인 의료보장 시스템을 갖추어서 안전하고 건강한 도시를 만들어야 한다. 공기오염이나 열섬 효과, 녹지의 감소와 같은 문제들도 도시계획에 충분히 포함시켜서 다루어야 한다. 무엇보다도 도시 안에서 생활하고 있는 사람들이 안전하게 걷고, 운동하고, 만나고, 이야기하고, 서로 돕는 환경이 되도록 도시를 만들어가는 것이 중요하다. 이를 기반으로 포용적이고 안전하며 회복력 있는 지속 가능한 도시를 조성할 때, 비로소 도시가 제 기능을 하고 주민들은 건강한 삶을 살 수 있을 것이다.

돌봄이 중심이 되는 도시

건강도시는 사람들이 건강한 생활을 영위하면서 사회생활을 하는 곳이므로 이러한 생활이 가능한 조건이 필요하다. 사실 도시의 발전은 질병의 역사와 분리해서 생각하기 어렵지만 도시에 사는 주민의 건강을 고려해서 도시계획을 하고 이를 실현해나간 역사는 길지 않다. 19세기 중반에 위생환경을 염두에 둔 영국의 위생도시 계획이 이러한 의미에서 최초의 도시계획이라고 할 수 있다. 20세기 초에는 미국이나 유럽에서 효율성과 미적인 측면을 강조한 도시들이 등장했지만, 도시에 사는 주민의 건강과 돌봄이 도시계획에 중심의제로 포함된 적은 없다. 하지만 도시를 계획하는 일은 결국 사람이 건강하고 행복하게 살기 위한 장소를 마련하는 것이고, 따라서 그 안에 건강을 살피고 질병을 치료하고 환자를 돌보는 돌봄 서비스 체계가 반드시 갖추어져야 한다.

사실 돌봄은 수렵채집 시기부터 공동체 사회를 유지하고 발전시켜주었던 삶의 기본적인 근간이었다고 할 수 있다. 그런데 문명의 발전과 더불어 농촌 인구가 도시로 유입되면서 도시화가 진행되었고, 돌봄을 제공하는 체계는 점차 해체되어갔다. 이러한 돌봄의 상실이 오늘날 도시가 삭막하고 비인간화되어가는 이유이기도 하다. 현재 진행되고 있는 대부분의 미래 도시에 대한 계획도 그 내용을 들여다보면 대부분 기술 기반의 스마트 도시를 준비하려는 것이다. 하지만, 이 같은 계획들이 돌봄에 대한 깊은 생각이 없이 진행된다면 그 사회는 편리하고 효율적이며 외양이 멋져 보일 수는 있어도 돌봄과 보살핌이 부족한 비인간적인 사회가 될지도 모른다. 그렇기에 무엇보다 중요한 것이 도시의 외양이 아니라 그 속에 사는 사람들이고, 사람들이 돌봄을 받아야 즐겁고 활성화된 도시가 될 수 있다는 생각일 것이다.

문명의 초기에는 공동체의 생존을 위해서 돌봄이 내재화되었다. 가족이나 친지의 돌봄이 없이는 협력에 의한 생산이 어렵고 질병이나 상처 혹은 전쟁과 같은 어려움을 이겨나갈 수가 없었기 때문이다. 현대 문명에 들어서면서 특히 도시에서는 가족이나 친지의 돌봄이 쉽지 않아졌다. 그런데 가족이나 친지의 돌봄이 가능한 구조를 만드는 것도 중요하지만 가족과 친지에 의존한 돌봄은 오랫동안 지속되기 어렵다는 것도 고려해야 한다. 더욱이 가족이라 하더라도 자녀가 성장하여 독립된 생활을 하고 있을 때 노령자인 부모를 돌보는 책임을 전적으로 자녀에게 부담시킬 수는 없다. 그렇기 때문에 가족이나 친지의 돌봄을 대체할 돌봄 서비스가 제도적으로 갖춰져야 한다. 좋은 의료, 간병 및 요양시설과 같은 돌봄의 사회적 네트워크로 이루어진 돌봄 서비스가 도시의 주요 기능이 되면 스트레스를 완충하는 신체적·정서적 지지를 제공함으로써 건강을 증진하고, 질병의 회복을 촉진하며, 정서적인 안정과 자기 존중감의 증가에 기여할 수 있을 것이다.

최근 노인 인구의 증가로 인하여 돌봄 서비스를 도시의 부가적인 영역에서 기본적인 영역으로 옮길 수밖에 없는 조건이 되었다. 우리나라의 65세 이상 인구는 2020년에 15%를 넘겼고 2030년에는 25%에 이를 것으로 전망된다. 이웃 일본의 경우는 고령화가 더 일찍 진행되어 2020년에 이미 25%가 넘었지만 고령화 속도는 우리나라가 세계에서 가장 빠르기 때문에 이러한 차이는 빠르게 줄어들 것이다. 고령화가 빠르게 진행되면 사회적 생산력과 노인부양 능력이 떨어지기 때문에 돌봄 서비스를 노인에게 복지서비스를 제공한다는 차원을 넘어 사회의 활력과 지속 가능성 문제로 인식해야 한다.

지역사회 통합 돌봄 프로그램은 이와 같은 돌봄의 사회적 네트워크를 활성화하고 더 나아가 병원을 방문하는 외래 환자 및 입원 환자의 관리, 가정방문 관리 서비스, 그리고 이웃 간의 상호 지원 활동까지 통합하여 관리하는 시스템이다. 이러한 돌봄 프로그램에서는 가정을 기반으로 하여, 가족이나 동거인 또는 자원봉사자가 가벼운 장애가 있는 노인을 돌볼 수 있도록 장려한다. 중증 질환이나 장애가 있는 사람들이 의료 및 복지 전문가의 관리를 필요로 하는 경우에도 가급적 집에서 치료를 받도록 권장하고, 의료 및 복지 시설은 필요한 경우에만 이용하게 한다.[200] 이러한 지역사회 돌봄 프로그램의 목적은 나이 많은 노령자 또는 장애인이 가능한 한 그동안 생활해왔던 정든 지역에서, 자신의 능력에 맞게 일상생활을 영위할 수 있도록 요양 돌봄과 의료 돌봄이 주거환경의 개선과 더불어 포괄적으로 이루어지도록 하는 것이다.

요양 돌봄과 의료 돌봄의 두 가지 돌봄은 도시 안에서 각각 네트워크를 이루어 서비스를 제공하고, 이러한 네트워크가 다시 하나의 시스템이 되어 시민들의 생활 안에 자리를 잡아야 한다. 예를 들어 요양 돌봄 서비스는 요양원이나 노인복지관과 같은 다양한 지역사회 복지시설에서 제공되고 있는데, 이러한 서비스 간의 네트워크를 지휘하고 운영하는 지역사회 복지 센터가 필요하다. 의료 돌봄 서비스 역시 유기적으로 제공되기 위해서는 보건소와 지역사회 일차 의료기관 등 보건의료서비스의 네트워크를 지휘하고 운영하는 지역사회 보건의료 센터가 필요하다. 이와 같이 요양 돌봄과 의료 돌봄은 서비스가 서로 다르고 서비스 제공자 역시 다르기는 하지만 노령자나 환자 입장에서 보면 요양과 의료를 동시에 필요로 하는 경우가 많고 그 둘 사이에 구분이 명확하지 않을 수 있다. 따라서 서비스 제공체계가 다르다고 하더라도 지역사회 내에서 이 두 가지 서비스가 통합적으로 운영되는 시스템, 예를 들어 지역사회 통합 돌봄 위원회와 같은 정책 결정 구조를 갖추어야 한다.

의료서비스 변화를 위한 세 가지 원칙

의료 돌봄 서비스는 요양 돌봄 서비스와는 조금 다른 특성이 있다. 보다 큰 범위의 지역사회에서 의료협력체계와 연결되어 급성기, 만성기 그리고 응급 질환의 치료가 원활하게 이루어져야 하기 때문이다. 바람직한 미래의 의료 돌봄은 지금까지의 보건의료서비스와 다른 세 가지 원칙이 있어야 한다. 첫 번째는 질병 양상의 변화와 인구구조로 인하여 질병 치료 중심에서 환자 혹은 사람 돌봄 중심으로 전환되어야 한다는 것이다. 현재 65세 이상 노인 인구의 70% 이상이 만성질환을 갖고 있는데, 이들 중 상당수가 2개 이상의 만성질환을 동시에 갖고 있다. 현재의 의료서비스 체계에서 여러 개의 질병을 갖고 있는 사람은 질병에 따라 각각의 진료를 받아야 한다. 이처럼 질환을 여러 개 갖고 있는 사람에게 각각의 질병에 대한 치료를 받으라고 한다면, 이는 비효율적일 뿐 아니라 혼란을 초래할 수 있다.

질병 중심에서 환자 돌봄 중심으로 바뀌어야 한다는 뜻은 질병 치료를 소홀히 한다는 것이 아니라, 질병의 원인이 되거나 질병의 경과에 영향을 미치는 여러 생활 습관과 환경적 요인들을 종합적으로 파악하고 이에 대한 관리를 중요시함으로써 근본적으로 질병에 대한 관리를 한다는 것이다. 따라서 당연히 질병의 치료가 중요하지만 이는 포괄적 건강관리에 포함되어야 할 일부분으로 보아야 한다. 미래의 건강관리는 생활 습관에 대한 개선 권고, 정기적인 건강 진단, 영양제 처방, 유전자 검사와 같은 현재의 예방의학적 활동뿐 아니라 수명의 결정, 인체 기능 수준의 유지 혹은 강화를 위한 수술 및 처방, 그리고 죽음 과정의 관리와 같은 더 높은 수준의 활동을 포함하게 될 것이다.

둘째는 의료서비스가 제공되는 중심 장소가 상급병원이 아니라 지역사회여야 한다는 것이다. 지역사회 중심 의료는 사람들이 앓고 있는 대부분의 만성질환, 즉 만성적인 관리가 필요한 질환이나 감기와 같은 경증의 급성질환은 지역사회에 있는 일차 의료기관에서 돌보고, 그 외의 응급하거나 중증의 질환은 지역사회를 넘는 상급병원에서 치료를 받게 하는 의료협력체계를 말한다. 따라서 의료서비스의 중심이 지역사회가 된다고 하여도 상급병원의 역할이 줄어들거나 약화되는 것은 아니다. 노인 인구가 급증하고 인구의 상당 부분을 차지하게 되면 심장질환, 뇌졸중과 같은 급성기 중증질환과 응급치료를 요하는 질환이 늘어날 뿐 아니라 장기이식, 줄기세포를 이용한 재생치료와 같은 고난도 치료에 대한 요구가 커질 것이기 때문이다. 이러한 지역사회 중심의 의료서비스가 원활히 이루어지기 위해서는 협력적인 서비스 제공이 가능한 의료 플랫폼이 마련되어서 플랫폼 상에서 의료정보의 교환과 진료 서비스의 제공이 이루어져야 한다.

이와 같이 지역사회에서 플랫폼 의료서비스가 잘 이루어지기 위해서는 지역사회 담당의사가 자신이 담당하는 일정한 인구집단을 대상으로 주치의로서 책임 진료를 하는 시스템을 만드는 것이 필요하다. 주치의가 지역사회에서 주민들의 건강을 책임지는 의료서비스를 시행하게 되면 담당의사의 역할은 단순한 질병 치료자의 역할을 넘어 건강 증진과 질병 예방에 보다 초점을 두는 역할로 바뀔 수 있다. 이를 위해서 담당의사는 자신이 담당하고 있는 인구집단의 건강에 영향을 줄 수 있는 여러 가지 요인들을 잘 이해하고 그 영향을 줄일 수 있도록 노력할 것이다. 질병을 예방하는 것이 발생된 질병을 치료하는 것보다 훨씬 중요하기 때문에 담당의사의 업무 평가 및 보상에 있어서도 질병 예방의 성과가 높게 반영되어야 할 것이다. 이러한 성과는 사회가 부담해야 하는 의료 비용을 낮추는 데에도 크게 기여할 것이다. 자연스럽게 담당의사는 개인과 인구 집단의 건강에 영향을 미치는 지역사회의 요인들을 이해하고 개선하기 위하여 노력하게 될 것이고 이는 사회 전체의 안녕에 기여하게 된다.

셋째는 수직적 개념의 의료전달체계에서 수평적 개념의 분산적 의료협력체계로 전환되어야 한다는 것이다. 분산적 의료협력체계는 수직적 의료전달체계와는 달리 지역사회 의료 역량이 강화되는 것을 전제로 하며, 기능과 역할의 차이를 기반으로 동네 의원에서부터 상급 종합병원까지 의료자원을 효율적으로 이용하기 위하여 서로 협력하는 체계다. 이때 동네 의원부터 병원이나 종합병원까지 진료의 연속성이 충분히 확보되는 것이 중요하다. 예를 들어 어떤 환자가 지역사회에서 의료진의 지속적인 모니터링과 관리를 받다가 정밀검사 혹은 수술 등이 필요할 때 의료진의 안내를 받아서 병원으로 가게 되었다고 하자. 이 경우 지역사회 의료진은 병원의 시설과 장비를 직접 이용하거나 혹은 병원 의료진과 협력해 환자를 치료하게 될 것이다. 환자 치료에 대한 정보는 관련된 의료진 간에 의료 플랫폼을 통해 충분히 공유되고 이러한 정보를 이용해 최종적인 판단을 함으로써 정확할 뿐만 아니라 지속적이고 포괄적인 치료가 가능해진다. 이와 같은 포괄적 의료는 가정에서부터 병원까지 건강 상태에 따라서 연속적으로 이어지는 체계라고 할 수 있다. 이를 위해서는 가정이나 학교 혹은 직장에서부터 병원에서의 집중 치료까지 여러 전문 분야의 사람들이 협동해 역할을 할 수 있는 의료 플랫폼과 같은 시스템을 갖추어야 한다.

환자들도 의복, 시계, 안경 등 착용하는 이동 전송 장치뿐 아니라 생체 내에 심는 모니터링 장치 혹은 화장실 등에 설치된 생체 시료 분석 장치를 통해 건강 정보를 지속적으로 의료 플랫폼을 통하여 의료진에게 전송하게 된다. 여기서 이상 소견이 나타나면 즉시 조치가 취해질 수 있는 진료가 이루어지게 될 것이다. 환자의 건강 상태는 지속적으로 모니터링된 건강 정보, 생활환경 정보, 그리고 진료 가이드라인과 연결되어 판단된다. 이와 같이 미래에는 환자의 종합적 정보가 생체 시료 분석 결과와 통합되어서 의학적 판단의 자료로 제공되고 의료진은 이를 이용해 환자를 진료하게 될 것이다. 그렇게 되면, 오진 혹은 부적절한 의료 행위는 사라지게 되고 의사는 환자를 중심으로 매우 효율적인 의료서비스를 제공할 수 있게 될 것이다.

이와 같이 의료 플랫폼을 중심으로 모니터링된 정보를 활용하여 새로운 의료서비스를 제공하는 것처럼, 돌봄 전체 프로그램, 즉 요양 돌봄과 의료 돌봄 모두가 스마트한 정보통신 기술과 로봇과 같은 기기의 활용을 이용해서 효율적으로 제공되어야 한다. 그렇지 못하면 돌봄 서비스에 투여되는 인적 자원이 너무 많아져서 사회가 감당하기 어려워질 것이기 때문이다. 이러한 정보통신기술과 로봇기기의 활용, 그리고 인공지능과 같은 의사결정 지원 시스템의 도입은 서비스의 효율성만이 아니라 서비스의 질 향상에도 큰 도움이 될 것이다.

한편 노년기의 건강관리 프로그램도 지역사회 돌봄 서비스에 포함되어야 한다. 건강을 증진시켜서 질병을 예방하는 활동이 노인의 삶에 미치는 영향은 매우 크다. 신체 부하를 이용한 규칙적인 근력 훈련은 아주 고령의 노인에게도 근육의 힘을 증가시키거나 보존하는 데 매우 효과적인 것으로 나타났다. 근육 힘의 증가는 걷는 속도와 같은 기능적 이동성을 개선하고, 특히 근력 강화 훈련은 노년층의 추락 사고를 줄이는 데 매우 효과적이다. 특히 신체활동은 노인들의 정서적·정신적 안녕을 향상시키는 데 상당히 도움을 줄 수 있다. 신체활동은 우울증의 증상 감소와도 관련이 있는데, 신체활동으로 체력이 눈에 띄게 향상되지 않는 경우에도 노인들의 걱정을 줄이고 기분을 좋게 할 수 있다. 또한, 노년에 신체적으로 활동적일 경우 독립된 생활을 유지할 기회를 제공할 수 있다. 동네 상점에 가는 것을 포함한 일상적인 활동을 하는 것은 다른 사람들에 대한 의존도를 줄이는 동시에 사회적인 상호작용을 촉진한다.[201] 건강한 노화는 노년에 일상생활을 충분히 할 수 있는 기능적 능력을 개발하고 유지하는 과정이다. 건강한 노화가 중요한 이유는 노인들이 건강한 노화의 궤적을 밟을 수 있도록 하는 것 외에 그들의 노화가 가족과 사회에 미치는 긍정적 영향 때문이다.

한편, 지역사회 돌봄을 노인이나 장애인과 같은 특정한 대상에 대한 지원의 개념에서 보다 많은 시민을 대상으로 하는 개념으로 확대해서 볼 필요가 있다. 도시의 시민이 건강하고 활발하게 생활할 수 있는 도시의 환경을 만들기 위해서 반드시 있어야 할 시민 지원사업으로 보는 것이 맞을 것이다. 예를 들어, 지역사회 돌봄을 보다 확대해서 노령자나 장애인뿐 아니라 육아와 빈곤계층 지원도 포함시키는 것이 바람직하다. 왜냐하면 육아에 대한 돌봄 지원이 없으면 생산인구로서 한창 일할 수 있는 사람들이 육아에 묶여서 활발한 사회활동을 할 수 없기 때문이다. 빈곤계층도 마찬가지다. 이들에게 최저생활을 보장해주는 지원이 있어야 사회에서 생산적 참여자 역할을 할 수 있기 때문이다.

지역사회 돌봄의 또 다른 중요한 목적은 인생의 마지막을 정든 곳에서 존엄하게 맞게 하려는 것이다. 그렇다고 모든 죽음이 집에서 이루어지는 것이 바람직하다는 것은 아니다. 실제로 죽음은 집외에도 요양원이나 호스피스와 같은 말기 환자 병동에서 이루어질 수 있지만, 모든 죽음은 지역사회의 돌봄 네트워크 안에서 관리될 수 있어야 한다. 사실 죽음은 모든 인간이 직면해야 할 생명의 종착점이다. 죽음의 순간이 삶과 단절된 과정이 아니라 삶의 마지막 과정으로서 명예롭고 존엄하게 이루어지도록 관리되어야 한다. 존엄한 죽음을 맞을 수 있는 지역사회의 프로그램이 갖추어져서 지역사회 돌봄이 삶의 마지막 시간을 돌볼 수 있게 해야 한다.

중앙집중형에서 분산형 도시로

도시를 움직이는 에너지의 생산과 공급은 도시의 지속 가능성 확보하는 데 있어서 가장 중요한 의제일 것이다. 도시가 대규모화되면서 다량의 전력수요가 발생했고 이를 충족하기 위해서 원자력 발전소와 화력발전소가 계속해서 늘어나는 중앙집중형 발전은 그 한계가 드러나고 있다. 원자력발전소는 방사능 물질과 방사성 폐기물과 관련한 위험이 있고 화력발전소는 건강에 유해한 대기오염을 초래하지만 전력수요가 많아질수록 이러한 문제점에서 벗어나기는 어렵다. 이에 대한 대안적 에너지원은 환경친화적 발전시설, 즉 태양열, 풍력, 조력 등이지만 대도시를 유지하는 데 필요한 대량의 전력수요를 감당하기는 어렵다. 하지만 이러한 환경친화적 발전은 중소도시의 에너지원으로는 충분히 활용할 수 있다.

소규모의 지역 발전, 이른바 '분산형 전원'은 중소도시에 필요한 에너지를 대부분 공급할 수 있는 방법이다. 아직 분산형 전원은 기존의 중앙집중형 발전에 비해 발전 단가가 비싼 편이지만 가격이 점점 내려가고 있어서 미래에는 지금보다 활용성이 더 커질 것이다. 분산형 전원은 값비싼 송배전 설비가 필요하지 않을 뿐만 아니라 전력 손실 자체를 줄일 수 있고, 단전이나 사고의 위험이 적어서 공급 안정성을 높일 수 있다. 또한, 소규모 분산형 발전은 도시의 성장 속도에 맞추어 쉽게 확장할 수 있어 큰 규모의 중앙집중형 발전소를 새로 건설할 필요가 없다. 특히 분산형 발전 시스템은 지역 특성에 맞는 에너지 자원을 활용할 수 있으므로 지역의 경제발전을 촉진한다는 장점도 있다.[202] 결국 앞으로 늘어나는 에너지 문제에 있어서도 대도시화 전략에서 벗어나서 중소도시 중심 전략으로 바뀌어야 한다는 것을 시사한다. 인구가 5만~20만 정도 되는 중소도시가 미래형 도시가 되어야 하는 중요한 이유다.

도시에서는 자연친화적 에너지원으로 태양열을 활용하는 것이 비용효과적일 것이다. 태양광만 비추면 고층 빌딩뿐 아니라 모든 건물에서 소규모 전력과 온수를 자체적으로 생산할 수 있다. 특히 전력이 가장 많이 필요하고 전기요금이 가장 비싼 한낮에 햇빛을 이용해 전력을 가장 많이 생산할 수 있다. 최근에는 태양광발전이 전력을 생산할 뿐만 아니라 빛을 차단하고 보온작용이 가능하도록 지붕이나 벽면, 유리창을 대체하는 건축 자재로 이용될 정도로 발전했다. 예를 들어 건물 벽면에 태양광발전 패널을 설치하는 것이 화강암이나 석회암을 쓰는 것보다 저렴하다.[203] 지난 8년 동안 태양전지판을 이용한 태양광발전의 비용은 86% 떨어졌고 동시에 태양전지판의 효율은 2배 증가했다.[204]

한편 공기는 도시의 가장 중요한 공유 자원이다. 우리는 하루에도 몇만 번씩 숨을 들이마셨다 내쉬면서 생명을 유지하기에 공기를 당연히 주어진 것으로 여긴다. 하지만 전 지구적으로 공기오염이 심해지면서, 공기는 더 이상 끝없는 폐기물 흡수력과 무한한 회복력을 지닌 것이 아니라 상당히 신경 쓰고 관리해야 할 유한한 자원으로 변해가고 있다. 이제 우리는 '절박한 도시 공유 자원'의 하나로 공기오염을 다룰 준비를 해야 한다.[205]

도시는 인구밀도가 가장 높은 지역이기 때문에, 이러한 공유 자원에 대한 시민의 권리를 지키려면 공기오염물질 배출을 줄이고, 도시 가로의 공기 정체를 막고, 건물 사이를 통과하는 기류를 늘리는 게 중요하다. 영국에서는 에드워드 1세가 1306년에 런던 내의 석탄 연소를 금지한 이래, 1909년 글래스고 스모그와 1952년 런던 스모그를 거쳐 모든 가정이 석탄 사용을 줄여야 했고, 결국 1956년에 '청정공기법Clean Air Act'이 제정됐다. 미국의 경우도 비슷했는데, 무엇보다도 대표적인 사건은 1881년 시카고와 신시내티에서 발생한 스모그와 1939년 세인트 루이스 시에서 연일 극심하게 이어진 매연이었다. 이후 1955년 미국 의회는 대기 질 관련 문제를 해결하기 위한 '대기오염 방지법Air Pollution Control Act'을 통과시켰다.[206] 이와 같이 도시의 공기오염을 해결하려는 노력을 통하여 선진국 주요도시의 공기는 맑아졌지만 그 외 지역에 있는 대부분의 도시는 여전히 대기오염 수준이 세계보건기구에서 정한 기준치 이상이다.

매년 도시의 공기를 오염시키는 가스와 미세먼지 배출의 증가가 계속되면서 공기오염을 관리하는 것이 그 어느 때보다 절박해졌다. 현재 발전하고 있는 공기오염 감지 기술과 전산 모델링 기술은 공기가 도시를 통과하는 방식과 그 과정을 방해하는 요인, 그리고 도시계획으로 공기 질 조건을 향상시키는 방법을 과학적으로 보여주기 시작했다. 예를 들어 도시 내 공기 이동의 유체역학 모델을 만들어서, 건물을 설계할 때 공기라는 공유 자원을 관리하는 적극적 역할을 부여하면 공기 질을 개선하고 환경이 쾌적해질 수 있는 도시 정책을 수립할 수 있을 것이다.[207]

최근에는 센서 기술이 발전해 정밀한 시공간 해상도의 환경 데이터를 얻을 수 있게 됐다. 앞으로는 도시의 넓은 공간적 범위를 아우르는 센서들이 더욱 방대한 양의 데이터를 수집할 것으로 예상된다. 이를 이용해서 과거보다 훨씬 더 자세하게 대기 변수의 공간 패턴을 관찰할 수 있게 될 것이다. 그렇게 점점 더 높은 시공간 해상도로 기류 현상을 이해하면서, 우리는 대기 질의 문제를 지역적이고 정량적으로 다루는 데 필요한 증거를 얻고 있다. 이런 데이터를 활용할 때 비로소 도시와 건축의 특징이 지역의 미세 기후와 대기 질에 미치는 효과를 파악할 수 있고, 그에 따라 지역 대기 질을 개선할 수 있는 도시계획의 전략도 나올 수 있게 된다.[208] 이러한 기술들이 도시 공유 자원인 공기를 효과적으로 관리하는 데 도움이 될 것이다. 이제는 대기에 오염 물질을 배출하는 시설이나 산업들에 대한 규제를 늘리는 것뿐 아니라, 도시계획을 통해 시민들이 더 쾌적한 공기를 마시며 살 수 있는 환경을 만들어야 한다.[209]

도시의 또 다른 공유 자원인 물 역시 심각한 기후변화의 위협을 받고 있다. 세계적으로 보면 도시 인구가 청정수를 이용할 기회가 줄어들고 있다. 2050년이 되면 전 세계 인구의 3분의 1이 깨끗하고 안전한 물을 이용하지 못하게 될 수 있다. 물은 도시 생태환경과 긴밀하게 연결되어 있는 자원이다. 최초의 도시들은 공급 수원이 가까이 있는 강변에서 성장했고, 최초의 도시 정책 역시 물 사용에 관한 것이었다. 함무라비 법전은 경작지의 면적을 기준으로 물을 배분하는 조항을 담았고, 농부들이 운하를 유지하고 관리할 책임과 이를 관리할 행정부의 책임도 명기한 바 있다.[210]

상수뿐 아니라 하수에 대한 관리 역시 매우 중요하다. 19세기 파리에서는 도시에서 나오는 생활 하수를 지하 수로와 분리하여 처리하자 도시의 질병 발생률이 상당히 줄어드는 것이 관찰되었다. 실제로 도시의 하수 처리를 위한 중앙화된 하수 시스템의 개발은 상수를 여과처리해서 공급하는 시스템의 개발과 함께 도시계획 역사상 어떤 건축 계획보다도 훨씬 더 건강에 큰 영향을 미쳤다. 상수용 모래 필터의 도입부터 염소 소독, 그리고 하수처리장의 설치까지 역사적으로 보면 어떤 수질 처리 조치가 있고 나면 늘 거의 곧바로 도시인구의 사망률이 줄고, 평균 수명이 늘어났다.[211]

이와 같이 근대 이후의 역사를 보면 중앙화된 상하수처리 시스템들은 인간의 건강 및 평균수명을 크게 늘리면서 도시의 번성을 이끌었다. 하지만 중앙집중 시스템에 지나치게 의존하게 되면서 수질 안전의 문제가 나타나기 시작했다. 또한, 과도한 양을 처리하는 중앙집중 시스템은 효율성이 떨어지고, 넓은 지역에 걸쳐서 배관망을 통해 물을 보내기 위해서는 대량의 에너지가 쓰인다. 이러한 문제의 대안으로 물 사용에서도 분산 시스템이 제안되고 있다. 도시의 물 기반 시설을 탈중심화하면 에너지 소비를 줄여 도시의 회복력을 더 높일 수 있고, 물 기반 시설의 비용도 줄일 수 있다. 따라서 소규모 정수와 중수의 재사용을 기반으로 하는 분산 시스템은 효율이 높으면서도 훨씬 적은 에너지를 소비하기 때문에 미래의 중소도시에 적합한 정수 방법일 것이다.[212]

지속 가능한 도시의 조건

지금까지 도시가 문명을 이끌어왔듯이 앞으로도 도시는 미래의 문명을 이끌어가는 장소가 되어야 한다. 이를 위해서는 도시가 다음 세대에도 지속되면서 발전할 수 있도록 질적인 변화를 이루어야 한다. 지속 가능한 발전은 단순히 환경을 보호하거나 현재 우리가 가지고 있는 것을 유지한다고 이루어지지는 않는다. 지속 가능한 개발은 환경을 충분히 보호하면서 인간의 복지를 향상시키기 위한 근본적이면서도 포괄적인 경제적·사회적 변화를 의미하기 때문이다.[213] 따라서 진정으로 지속 가능한 사회는 경제적 활동과 일상 생활이 생태계를 유지할 수 있는 환경적 한계 내에서 이루어지는 사회다.

제레미 리프킨Jeremy Rifkin과 폴 메이슨Paul Mason 같은 학자들은 세계는 이미 자본과 노동에서 에너지와 자원으로 정치적 초점이 이동하는 탈자본주의적 세계에 진입 중이라고 주장한다.[214] 예를 들어, 신기술이 주도하는 한계비용 제로의 공유 경제, 누구나 접속하여 연결되는 사용자 간 사이버 조직, 지속 가능한 에너지원의 확대, 그리고 탄소 중립 기술 등이 그것이다. 가장 많은 인간이 사는 곳인 도시는 지구온난화와 공기오염, 그리고 다양한 생태적 불안감을 일으키는 중심지이기도 하지만 신기술이 만들어지고 적용되는 장소이기도 하다. 도시는 이제 정치와 경제, 그리고 생태학과 기술이 교차하는 중대한 지점이 되었고, 여기서 우리는 생산, 자원, 에너지, 생태환경 간의 등식을 재설정함으로써 도시의 지속 가능성을 확보해야 한다.

한편 도시가 지속 가능성을 이루도록 하기 위해 중요한 점이 노년층, 어린이, 빈민 또는 장애인들처럼 주변화된 취약인구 집단의 시각으로 살펴보는 것이다. 사회적 응집은 도시의 지속 가능성을 위한 중요한 구성 요소로서, 다양한 도시 구성원 간의 관계를 건설적으로 이끌어서 도시가 활력을 갖추는 데 중요한 개념이다. 이를 위해서는 도시의 다양한 서비스를 만들거나 공통의 문제를 해결하는 과정에서 행정부처라는 제도적 장치에 전적으로 의존하기보다는 행정 부문과 시민사회 간의 협력적 네트워크를 적극적으로 활용해야 한다. 이러한 거버넌스 구조는 관료조직 권한의 분산, 광범위한 수평적 네트워크, 혁신적 정책, 집단적 리더십 등과 같은 특성을 지니고 있어 도시의 다원주의와 민주주의가 발전해 나가는 기반이 될 수 있다.[215]

현대 도시에는 다양한 유형의 시민들이 살아가고 있다. 즉, 모두가 다양한 유형의 지식을 보유하고, 또 다양한 방식으로 도시에서 생활하고 있기 때문에, 같은 도시 내에 있으면서도 서로 다른 어려움과 해결방식을 갖고 있다. 또한, 이들은 도시 전문가는 아니지만, 자신이 사는 장소와 자신의 분야에 대한 특수한 지식을 갖고 있다. 이렇게 생산되는 지식들을 전파할 수 있는 클라우드 기반의 플랫폼을 만들어 공유하고 문제를 해결한다면, 관료조직이 갖고 있는 닫힌 지식 체계를 벗어나는 효과를 얻게 될 것이다. 결국 시민들이 스스로 생각을 공유하고 이를 토대로 도시 구조를 변화시키기 시작한다면, 시민이 직접 계획하고 실행하는 사회의 모습으로 만들 수 있을 것이다.

코로나 19 팬데믹을 통해서, 상호 신뢰와 협력에 기초한 거버넌스가 활성화된 도시는 그렇지 못한 도시에 비하여 재해나 재난과 같은 사회적 역경에 직면했을 때, 보다 탄력성을 가지고 지역사회의 자원을 활용하여 대처한다는 것을 알 수 있었다. 따라서 도시의 거버넌스가 활성화되어 이러한 자원들을 적절히 활용한다면 지역사회를 움직이는 효과적인 자본 기반이 되어 도시가 보다 지속 가능한 발전을 이룰 수 있다. 풀뿌리 차원으로 시민들이 참여하여 포용적이고 민주적인 의사결정을 통해서 건강한 환경과 활발한 지역사회를 만드는 것이 지속 가능한 도시를 만드는 길이다.[216]

신문명 도시는 신뢰 사회다

지금까지 도시들이 문명을 이끌어왔던 역할을 했다면, 신문명 도시는 새로운 미래 문명을 이끌어가는 도시일 것이다. 시민이 이끄는 자발적으로 만들어진 시민단체와 분권화된 조직들이 밀접하게 연결된 네트워크를 통하여, 시민들 사이에 신뢰와 협력의 기반이 갖추어지고, 높은 수준의 시민 참여와 활력 있는 활동의 여건을 마련하면 지금까지 볼 수 없었던 시민사회를 창출할 수 있다. 시민이 지역사회에 적극적으로 참여하고 자발적으로 활동할 수 있는 기반을 제공하면, 사회에 대한 신뢰가 형성되고, 공동체에 대한 소속감과 시민의 자존감이 높아진다. 토크빌Alexis de Tocqueville은 사회에 대한 신뢰가 시민사회를 구성하는 조직들 간에 촘촘하게 연결된 네트워크에서 비롯된다고 주장한다. 신뢰는 사회가 '만인의 만인에 대한 투쟁' 상태에서 평화롭고 안정된 공동체사회로 전환되는 데 필수적이다. 신뢰가 없는 사회는 생산적인 협력을 할 수 없고 지속 가능하지 않을 것이다.[217] 반면 신뢰를 기반으로 형성된 사회는 공동체에 속한 개인들에게 더 많은 권한과 권리를 부여할 것이고, 사회 각 영역에서 구성원들이 자신을 실현해나갈 수 있게 하는 조건이 될 것이다. 따라서 신문명 도시는 반드시 신뢰를 기반으로 한 도시의 체계를 갖추어야 한다. 이는 시민들의 정치적 합의로만 이루어질 수는 없다. 신뢰사회는 서로 믿고 의지할 수 있는 인간관계, 안전한 생산과 거래, 예측할 수 있는 사회의 미래, 그리고 이를 이룰 수 있는 기술적 기반을 갖추어야 가능하다.

이를 위해서는 우선 생산 방법과 생산 관계의 변화에 맞추어 도시의 시스템을 바꾸어가야 한다. 전통적으로 생산은 어느 한 기업이나 독점적인 중앙체를 중심으로 이루어졌는데, 오늘날에는 기술의 발전과 시대 흐름의 변화로 인해 이 생산이 분권화되어가는 추세다. 앙드레 고르André Gorz에 따르면, 생산은 직장뿐 아니라 학교와 카페, 그리고 경기장에서도, 항해 중에도, 연극과 콘서트 중에도, 신문에서도, 책에서도, 박람회에서도, 소도시와 동네에서도, 토론과 단체 행동에서도 일어난다. 요컨대, 생산은 일정한 장소에서 특정한 사람들에 의해서만 일어나는 것이 아니라, 어느 곳에서나 사람들 간의 관계를 통해서 일어날 수 있다는 뜻이다.[218] 생산방식 자체가 탈중앙화되고 분권화될 것이고 이러한 변화는 도시의 구조와 기능 모든 곳에서 일어나게 되고, 또 실제로 일어나고 있다. 전기, 상하수도, 의료와 같은 도시의 하부구조와 서비스 체계뿐 아니라, 정치적 의사결정 구조에 이르기까지 분권화는 신문명 사회로 나아가는 데 필수적인 변화 방향이다. 분권화의 기반이 되는 도시의 다양한 구조와 기능을 갖추고, 신뢰할 수 있는 기술 기반의 클라우드 개념을 도입하면, 오늘날 도시가 갖고 있는 여러 문제를 해결할 수 있을 것이다.

특히 중요한 것은, 현대도시에는 다양한 유형의 시민들이 살아가고 있다는 점이다. 즉, 시민 모두가 다양한 유형의 지식을 보유하고 있고, 다양한 방식으로 도시에서 삶을 살아가고 있기 때문에, 같은 도시 내에 있으면서도 서로 다른 상황에 놓여 있기 마련이다. 따라서 시민들 모두가 도시 전문가는 아니지만, 각자는 자신이 사는 장소에 대한 특수한 지식을 갖고 있다. 이렇게 생산되는 지식은 어느 한 분야의 전문가라고 불리는 엘리트의 지식과는 다르다. 이 다양한 주체들의 정보들을 순환시키고 공유할 수 있는 클라우드 기반의 시스템을 만들어 도시의 문제를 해결해나간다면, 닫힌 지식 체계를 벗어나 훨씬 효과적인 해결책을 얻게 될 것이다. 결국 시민들이 생각을 공유하는 체계를 만들고 이를 토대로 도시 구조를 변화시키기 시작하면, 시민이 직접 계획하고 실행하는 참여민주주의 사회가 만들어지게 된다. 시민들의 다양하고 창의적인 생각을 활용하고 이를 경제적, 정치적, 문화적으로 실현할 수 있는 기반이 이루어지면, 시민들은 도시에 대해 더욱 애착을 갖게 될 것이며 나아가 시민사회를 더욱 견고하게 만들 '신뢰'가 단단히 구축될 것이다.

도시는 이제 새로운 문명을 이끌어가기 위한 준비를 해야 한다. 코로나 19 팬데믹은 어떤 의미에서는 새로운 문명 도시의 필요성을 강하게 역설하고 있다. 스마트 도시로 불리우는 미래 도시의 핵심은 자동화된 체계를 만드는 것이 아니라 신뢰를 바탕으로 시민들의 다양한 지식과 경험을 효율적으로 모아서 활용할 수 있는 체계를 갖추는 것이다. 그리고 이러한 스마트 도시가 탈중앙화되고 분산화된 도시 하부구조를 바탕으로 민주적 시민사회를 이룰 때 신문명 도시로 나아갈 수 있다.

다음 팬데믹을 막기 위한 우리의 과제

코로나 19 팬데믹은 우리가 사는 삶의 방식을 바꾸었고 이러한 변화는 단순히 바이러스 전염병에 대한 대응 방안을 마련해야 한다는 수준을 넘어 지금까지의 문명의 발전 방향에 대한 근본적인 성찰이 필요함을 의미한다. 특히 인류의 문명을 이끌어왔던 도시의 발전 방향에 있어서 반성과 전환을 요구한다. 사실 도시는 구성원의 생존과 번영을 위하여 공동체를 만들어 살기 시작하면서 형성되었는데, 한편으로는 도시가 문명을 이끌어가면서 새로운 질병들이 전염병과 만성질환의 형태로 등장하곤 했다.

천연두와 페스트, 그리고 콜레라와 같은 전염병은 도시에 사람들이 모이고 도시 사이의 교역과 교류가 늘어나면서, 그리고 국가 간의 전쟁과 침략을 통해 퍼져나가면서 2천 년 이상 인류를 괴롭혀왔고, 산업혁명을 거쳐 2차 세계대전이 끝나면서는 심장질환, 당뇨병, 암, 치매와 같은 만성질환 시대가 전개되어 오늘날은 만성질환의 시대가 되었다. 한편 21세기에 들어선 이후 질병 관리가 상당 수준으로 이루어지고 영양 상태 등 건강을 유지하는 데 중요한 요인들이 개선되면서 인류를 괴롭혀왔던 질병에 대한 승리가 목전에 있는 듯 착각하기도 했다.

코로나 19 팬데믹은 이러한 착각에 경고를 던졌다. 코로나 19가 드러낸 문제들을 보면 노인들을 요양원이나 시설에 수용하는 문제, 건강과 질병 관리에 있어서 의료체계와 형평성의 문제, 그리고 질병에 대한 대응은 의료 시스템만이 아니라 사회 전체가 나서야 한다는 문제 등이다. 우리는 이러한 문제를 제대로 인식하고 이를 해결할 수 있는 새로운 공동체, 새로운 도시를 만들어가야 하는 절박한 과제를 안게 되었다. 그리고 이 과제는 결국 도시를 어떻게 새롭게 만들어갈 것이냐의 문제로 귀결된다.

미래의 도시는 5만 정도의 인구가 하나의 소도시 단위가 되어 자족적인 공동체를 이루거나, 이러한 단위들이 모여서 10~30만 정도의 중규모 도시가 되는 것이 바람직하다. 따라서 소도시 단위가 자족성을 갖출 수 있도록 미래 도시의 모습을 계획하는 것이 중요하다. 에너지와 전기, 상하수도, 교육, 일, 그리고 의료가 모두 분산형 시스템을 갖추어서 소도시를 구성하고 운영할 수 있는 하부구조가 된다면 이러한 단위들로 이루어진 사회는 안전하고 지속 가능한 사회가 될 수 있다. 소도시에 정보를 공유할 수 있는 도서관과 함께 공유 개념의 의료시설이 들어선 지역사회 생활센터가 공원이나 광장과 함께 자리를 잡고, 이 센터와 집이 시민들의 생활의 주된 터전이 되도록 계획할 필요가 있다.

지금까지 문명은 일하는 장소와 집이 서로 떨어져 있는 직주분리의 방향으로, 그리고 교육 및 의료가 전문화되면서 교육시설과 의료시설이 전문화하고 대형화하는 방향으로 발전해왔다. 즉, 지금까지는 교육, 의료가 직장, 학교, 병원이라는 각각의 시설이 갖추어진 일정한 장소에서 이루어져왔다면 이제는 집과 지역사회를 중심으로 통합적으로 이루어지는 방향으로 전개되는 것이 바람직하다. 이를 위해서는 도시의 구조와 개념이 중심과 변두리의 서열적 개념에서 수평적인 개념의 분산형 시스템으로 바뀌어야 한다.

이러한 변화는 쉽게 이루어지지 않지만 코로나 19 팬데믹은 사실상 이를 강제하고 있으므로 생각보다 빠르게 변화가 올 수도 있다. 코로나 19가 어쩌면 예정된 미래의 변화를 앞당기는 역할을 하고 있는 것이다. 이러한 문명의 방향 전환을 빠르게 받아들여 새로운 도시를 만들어가는 국가가 미래를 이끌어갈 것이다. 한편 이러한 방향 전환은 기술만 앞선다고 이루어지는 것이 아니다. 신문명에 대한 통찰력과 인류의 지속 가능성에 대한 진지한 성찰을 바탕으로 새로운 문명을 이루고자 하는 의지가 중요하다.

코로나 19 팬데믹은 인류를 혼란에 빠뜨렸지만 백신과 치료제의 등장으로 조만간 통제될 것이다. 그러나 문명적인 전환이 없다면 이러한 팬데믹이 근원적으로 해결되지는 않고 아마도 또 다른 형태의 바이러스 전염병으로 나타나며 다시 인류는 혼란에 빠지는 일이 반복될 것이다. 이렇게 예상되는 변화는 현대 문명의 지속 가능성에 대한 근본적인 의문을 제기한다. 하지만 위기는 기회의 창을 열어주기도 한다. 그런 의미에서 코로나 19 팬데믹은 본질적으로는 인류의 삶의 방식이 초래한 문명의 위기를 다른 각도에서 볼 수 있는 기회를 준 것이다.

문명의 위기를 해결하는 방법은 문명의 발전 방향, 특히 중앙화·대형화해온 도시의 발전 방향을 바꾸어서 분산화시키고 중소도시를 중심으로 문명을 발전시키는 일일 것이다. 즉, 자족적인 중소도시를 만들어서 에너지와 전기, 상하수도, 교육, 일, 그리고 의료가 분산형 시스템으로 도시 안에 자리잡고, 그 내용과 수준이 중앙화된 시설에서 이루어졌을 때보다 뒤떨어지지 않거나 보다 우수하게 유지된다면 중소도시들이 미래사회의 중심이 될 수 있다.

한국은 지금까지의 역사에서 문명을 이끌었던 적이 없고, 앞선 문명을 뒤따라가는 역할만 해왔다. 그 이유는 나라의 규모가 중앙화하고 대형화하는 문명 전략에서 선두에 서기에는 역부족이었기 때문이었을 것이다. 하지만 분산화된 시스템을 가진 중소도시화가 문명의 새로운 전략으로 등장한다면 한국만큼 좋은 여건을 가진 나라가 많지 않을 것이다. 코로나 19 팬데믹이 많은 것을 바꿀 것으로 예상되지만 그중 하나가 새로운 문명을 이끌 국가와 도시의 등장이다. 그리고 이러한 신문명 도시를 주도하는 국가가 새로운 문명의 주역이 될 것이다.

이 책이 나오기까지 많은 분들의 도움을 받았다. 도시 문명의 미래상에 대해 많은 의견을 구하고 나누었던 이광재 의원은 건강한 신문명 도시의 화두를 꺼냈고, 여시재의 이명호 연구위원, 서울의대 환경의학연구소의 이지은 연구원은 건강한 미래의 도시 모습에 대한 생각을 정리하는 데 많은 도움을 주었다. 무엇보다도 주말이면 대부분을 책상에서 보낸 나에게 한결같은 성원을 보내준 아내와 두 딸, 그리고 건강한 노년의 삶을 누릴 뿐 아니라 아직도 자식들을 넘치는 사랑으로 돌봐주시고 계신 부모님께 감사드린다.

| 참고문헌 |

1   J. M. 로버츠 & O. A. 베스타(1976), 노경덕 역, 《세계사 1》, 까치.

2   조르주 루(2013), 김유기 역, 《메소포타미아의 역사 1》, 한국문화사.

3   피터 스미스(2015), 엄성수 역, 《도시의 탄생》, 도서출판 옥당.

4   조르주 루(2013), 김유기 역, 《메소포타미아의 역사 1》, 한국문화사.

5   H. Frankfort(1950), "Town Planning in Ancient Mesopotamia", *The Town Planning Review*, 21(2): 99-115.

6   조르주 루(2013), 김유기 역, 《메소포타미아의 역사 1》, 한국문화사.

7   행크 해네그래프(2010), 김성웅 역, 《바벨탑에 갇힌 복음》, 새물결플러스.

8   레오나르드 믈로디노프(2002), 전대호 역, 《유클리드의 창: 기하학 이야기》, 까치.

9   Amal Kumar Ghosh(2017), "Riverine Environment and Human Habitation – Ancient Instances", *International Journal of Humanities & Social Scienec Studies*, 4(1): 44-51.

10, 11 J. M. 로버츠 & O. A. 베스타(1976), 노경덕 역, 《세계사 1》, 까치.

12 Steve Weber(2010), "Does size matter: the role and significance of cereal grains in the Indus civilization", *Archaeological and Anthropological Secni ces*, 2(1): 35-43.

13 Todd Van Pelt & Rupert Matthews(2009), *Ancient Chinese Civilization*, The Rosen Publishing Group, Inc.

14 John Chinnery(2012), *The civilization of ancient China*, New York: Rosen Publishing.

15 피터 스미스(2015), 엄성수 역, 《도시의 탄생》, 도서출판 옥당.

16 J. M. 로버츠 & O. A. 베스타(1976), 노경덕 역, 《세계사 1》, 까치.

17 조르주 루(2013), 김유기 역, 《메소포타미아의 역사 1》, 한국문화사.

18 J. M. 로버츠 & O. A. 베스타(1976), 노경덕 역, 《세계사 1》, 까치.

19 유현준(2015), 《도시는 무엇으로 사는가》, 을유문화사.

20 Y. V. Andreev(1989), "Urbanization as a phenomenon of social history",

Oxford Journal of Archaeology 8(2): 167-177.

21 고든 차일드(2013), 김성태·이경미 역,《고든 차일드의 신석기혁명과 도시혁명》, 주류성.

22 V. Gordon Childe(1950), "The Urban Revolution", *The Town Planning Review*, 21(1): 3-17.

23 Molden, D(2007), "Water responses to urbanization", *Paddy and Water Environment* 5: 207-209.

24 고든 차일드(2013), 김성태·이경미 역,《고든 차일드의 신석기혁명과 도시혁명》, 주류성.

25 V. Gordon Childe(1950), "The Urban Revolution", *The Town Planning Review*, 21(1): 3-17.

26 J. M. 로버츠 & O. A. 베스타(1976), 노경덕 역,《세계사 1》, 까치.

27 고든 차일드(2013), 김성태·이경미 역,《고든 차일드의 신석기혁명과 도시혁명》, 주류성

28 Anthony, David W(2007), *The Horse, the Wheel, and Language : How Bronze-Age Riders From the Eurasian Steppes Shaped the Modern World*, Princeton, N. J.; Woodstock: Princeton University Press.

29 V. Gordon Childe(1950), "The Urban Revolution", *The Town Planning Review*, 21(1): 3-17.

30 조르주 루(2013), 김유기 역,《메소포타미아의 역사 1》, 한국문화사.

31 고든 차일드(2013), 김성태·이경미 역,《고든 차일드의 신석기혁명과 도시혁명》, 주류성.

32 V. Gordon Childe(1950), "The Urban Revolution", *The Town Planning Review*, 21(1): 3-17.

33 Marc Van De Mieroop(1997), *The Ancient Mesopotamian City*, Oxford: Clarendon Press.

34 고든 차일드(2013), 김성태·이경미 역,《고든 차일드의 신석기혁명과 도시혁명》, 주류성.

35 Marc Van De Mieroop(1997), *The Ancient Mesopotamian City*, Oxford: Clarendon Press.

36 Charles Kerr(1929), "The Origin and Development of the Law Merchant", *Virginia Law Review*, 15(4): 350-367.

37 Victoria Hodges(2016), *A Journey in Chains: a study of the ancient Roman slave trade*, Undergraduate Research Scholars Program.

38 http://www.ancientpages.com/2015/10/01/egyptians-mastered-medicinethousands-years-ago

39 J. M. 로버츠 & O. A. 베스타(1976), 노경덕 역, 《세계사 1》, 까치.

40 Jenny Sutcliffe & Nancy Duin(1992), *A History Of Medicine*, New York: Barnes & Noble Books.

41 Dorothy Porter(1999), *Health Civilization and the State: A History of Public Health from Ancient to Modern Times*, London: Routledge.

42 Lois N. Magner(1992), *A History of Medicine*, CRC Press.

43, 44, 45 Emily K. Teall(2014), "Medicine and Doctoring in Ancient Mesopotamia", *Grand Valley Journal of History*, 3(1): 1-8.

46 피터 스미스(2015), 엄성수 역, 《도시의 탄생》, 도서출판 옥당.

47 B. V. Subbarayappa(2001), "The roots of ancient medicine: an historical outline", *Journal of biosciences*, 26(2): 135-143.

48 J. M. 로버츠 & O. A. 베스타(1976), 노경덕 역, 《세계사 1》, 까치.

49 장치청(2015), 오수현 역, 《황제내경, 인간의 몸을 읽다》, 판미동.

50 B. V. Subbarayappa(2001), "The roots of ancient medicine: an historical outline", *Journal of biosciences*, 26(2): 135-143.

51 Ethne Barnes(2005), *Diseases and Human Evolution*, Albuquerque: University of New Mexico Press.

52 Frank Fenner, Donald A. Henderson, Isao Arita, Zdenek Jezek, Ivan Danilovich Ladnyi, et al.(1988), *Smallpox and its eradication*, World Health Organization.

53 N. Barquet & P. Domingo(1997), "Smallpox: the triumph over the most terrible of the ministers of death", *Annals of internal medicine*, 127(8 Pt 1): 635-642.

54 김경현(2014), "안토니누스 역병의 역사적 배경과 영향", 〈한국서양고대역사문화학회〉, 37: 133-168.

55 아노 카렌(2001), 권복규 역, 《전염병의 문화사》, 사이언스북스.

56 https://en.wikipedia.org/wiki/Roman_aqueduct

57 http://romewiki.wikifoundry.com/page/Housing+in+Ancient+Rome

58, 59 Linda Gigante, "Death and Disease in Ancient Rome", Innominate society.

60 Alex Scobie(1986), "Slums, Sanitation and Mortality in the Roman World", *Klio;Berlin*, 68(2): 399-433.

61 Raoul McLaughlin(2010), *Rome and the distant East: trade routes to the ancient lands of Arabia, India and China*, London; New York: Continuum.

62 M. Bosker, S. Brakman, H. Garresten, H. de Jong & M. Schramm(2008), "Ports, plagues and politics: Explaining Italian city growth 1300-1861", *European Review of Economic History*, 12(1): 97-131.

63 D. Cesana, O. J. Benedictow & R. Bianucci(2017), "The origin and early spread of the Black Death in Italy: first evidence of plague victims from 14th-century Liguria (northern Italy)", *Anthropological Science*, 125(1): 15-24.

64,65 Andrew D. Cliff, Matthew R. Smallman-Raynor & Peta M. Stevens(2009), "Controlling the Geographical Spread of Infectious Disease: Plague in Italy , 1347-1851", *Acta med-hist Adriat*, 7(1): 197-236.

66 A. Kinzelbach(2006), "Infection, contagion, and public health in late medieval and early modern German imperial towns", *Journal of the History oMfe dicine and Allied Sciences*, 61(3): 369-389.

67, 68 Dorothy Porter(1999), *Health, Civilization and the State: A history of public health from ancient to modern times*, Routledge.

69 배영수(1992), 《서양사 강의》, 한울아카데미.

70 Jackson J. Spielvogel(2003), "AP European History-Chapter 20 The Industrial Revolution and Its Impact on European Society". https://webpages.cs.luc.edu/~dennis/106/106-Bkgr/20-Industrial-Rev.pdf

71 James Phillips Kay-Shuttleworth(2016), *The Moral and Physical Conditions of the Working Classes employed on the cotton manufacture of Manchester(1832)*, Facsimile Publisher.

72 Friedrich Engels(1969), *Condition of the Working Class in England(1845)*, Panther Edition.

73 Edwin Chadwick(1842), *Report on the Sanitary Conditions of the Labouring Population of Great Britain*, London: Printed by W. Clowes and sons for Her Majesty's Stationery office.

74 D. D. Mara(2003), "Water, sanitation and hygiene for the health of developing nations", *Public health*, 117(6): 452-456.

75 Han, D. S., Bae, S. S., Kim, D. H., & Choi, Y. J.(2017), "Origins and Evolution of Social Medicine and Contemporary Social Medicine in Korea", *Journal of preventive medicine and public health*, 50(3): 141-157.

76 M. R. Anderson, L. Smith, & V. W. Sidel(2005), "What is social medicine?", *Monthly Review*, 56(8): 27-34.

77 W. T. Sedgwick & J. Scott Macnutt(1910), "On the Mills-Reincke Phenomenon and Hazen's Theorem concerning the Decrease in Mortality from Diseases Other than Typhoid Fever following the Purification of Public Water-Supplies", *The Journal of Infectious Diseases*, 7(4): 509.

78 J. Bartram & S. Cairncross(2010), "Hygiene, Sanitation, and Water: Forgotten Foundations of Health", *PLOS Medicine*, 7(11).

79 Matthew Gandy(1999), "The Paris sewers and the rationalization of urban space", *Transactions of the Institute of British Geographers*, 24(1): 23-44.

80 David H. Pinkney(1958), *Napoleon III and the Rebuilding of Paris*, Princeton: Princeton University Press.

81 Matthew Gandy(1999), "The Paris Sewers and the Rationalization of Urban Space", *Transactions of the Institute of British Geographers*, 24(1): 23-44.

82 Lionel Kesztenbaum & Jean-Laurent Rosenthal(2017), "Sewers' diffusion and the decline of mortality: The case of Paris, 1880-1914", *Journal of Urban Economics* 98: 174-186.

83 E. A. Underwood(1948), "The History of Cholera in Great Britain", *Proceedings of the Royal Society of Medicine*, 41(3): 165-173.

84, 85 F. Engels(2003), "The condition of the working class in England"(1845), *American journal of public health*, 93(8): 1246-1249.

86 Thomas McKeown & R. G. Record(1962), "Reasons for the decline of mortality in England and Wales during the nineteenth century", *Population Studies, 16(2): 94-122.*

87 J. Krieger, & D. L. Higgins(2002), "Housing and health: time again for public health action", *American journal of public health*, 92(5): 758-768.

88 R. W. De Forest(1903), *The Tenement House Problem*, New York, The Macmillan company; London, Macmillan & co., ltd(Retrieved from the Library of Congress).

89 Charles E. Rosenberg & Carroll S. Rosenberg(1968), "Pietism and the Origins of the American Public Health Movement: A Note on John H. Griscom and Robert M. Hartley", *Journal of the History of Medicine and Allied Sciences*, 23(1): 16-35.

90 John H. Griscom(1854), *The uses and abuses of air: showing its influence in sustaining life, and producing disease: with remarks on the ventilation of houses, and the best methods of securing a pure and wholesome atmosphere inside of dwellings, churches, courtrooms, workshops, and buildings of all kinds*, New York: Redfield.

91 A. S. Dolkart, "The architecture and development of New York City: Dumbbell tenements", *Columbia University Digital Knowledge Ventures*.

92 R. W. De Forest(1903), *The Tenement House Problem*, New York, The Macmillan company; London, Macmillan & co., ltd.(Retrieved from the Library of Congress).

93 National Office of Vital Statistics(1956), "Special Report-Death Rates by Age, Race, and Sex: U.S. 1900-1953", Vol. 43, Selected Causes, Washington, DC: Department of Health, Education, and Welfare.

94 Social Welfare History Project(2018), "Tenement house reform", *Social Welfare History Project*.

95 Barron H. Lemer(1993), "New York City's Tuberculosis Control Efforts: The Historical Limitations of the 'War on Consumption'", *American Journal of Public Health*, 83(5): 756-765.

96 Ian Morris(2010), *Social Development*, Stanford University Press.

97 Anthony J. Michael(2001), *Human Frontiers, Environments and Disease: Past Pattern, Uncertain Futures*, Cambridge University Press.

98 Sveikauskas et al.(1988), "Urban Productivity City Size or Industry Size", *Journal of Regional Science*, 28(2): 185-202.

99 UN. Population Division(2018), "The World Cities in 2018", New York: UN.

100 Antoni Trilla & Guillem Trilla, Carolyn Daer(2008), "The 1918 'Spanish Flu' in Spain", *Clinical Infectious Diseases*, 47(5): 668-673.

101 Gregory Tsoucalas, Antonios Kousoulis & Markos Sgantzos(2016), "The 1918 Spanish Flu Pandemic, the Origins of the H1N1-virus Strain, a Glance in History", *European Journal of Clinical and Biomedical Sciences 2016*; 2(4): 23-28.

102, 103 https://en.wikipedia.org/wiki/Spanish_flu#First_wave_of_early_1918

104 https://www.cdc.gov/flu/pandemic-resources/1918-commemoration/1918-pandemic-history.htm

105,106 B. Lina(2008), "History of Influenza Pandemics", Paleomicrobiology: *Past Human Infections*, 199-211.

107 C. Viboud, R. F. Grais, B. A. Lafont, M. A. Miller, L. Simonsen & Multinational Influenza Seasonal Mortality Study Group(2005), "Multinational impact of the 1968 Hong Kong influenza pandemic: evidence for a smoldering pandemic", *The Journal of infectious diseases*, 192(2): 233-248.

108　W. P. Glezen(1996), "Emerging infections: pandemic influenza", *Epidemiologic reviews*, 18(1): 64-76.

109　D. R. Phillips(1993), "Urbanization and human health", *Parasitology*, 106 Suppl: S93-S107.

110　Rajan R. Patil(2014), "Urbanization as a Determinant of Health: A Socioepidemiological Perspective", *Social Work in Public Health*, 29(4): 335-341.

111　OECD(2019), "Chronic disease morbidity", *Health at a Glance 2019: OECD Indicators*, OECD Publishing, Paris.

112　K. O'Dea(1991), "Cardiovascular disease risk factors in Australian aborigines", *Clinical and experimental pharmacology & physiology*, 18(2): 85-88.

113　T. A. Gaziano, A. Bitton, S. Anand, S. Abrahams-Gesse & A. Murphy(2010) "Growing epidemic of coronary heart disease in low- and middle-income countries", *CurrProblCardiol*, 35(2): 72-115.

114　W. F. Enos, R. H. Holmes & J. Beyer(1953), "Coronary disease among United States soldiers killed in action in Korea", *JAMA*, 152(12): 1090-1093.

115　K. J. Williams & I. Tabas(1995), "The Response-to-Retention Hypothesis of Early Atherogenesis", *Arteriosclerosis, thrombosis, and vascular bioolgy*, 15(5): 551-61.

116　S. Pal, S. Radavelli-Bagatini & S. Ho(2013), "Potential benefits of exercise on blood pressure and vascular function", *Journal of the American Society of Hypertension*, 2013 Aug 27.

117　P. H. Black(2003), "The inflammatory response is an integral part of the stress response: Implications for atherosclerosis, insulin resistance, type II diabetes and metabolic syndrome X", *Brain Behav Immun*, 2003 Oct; 5(17): 350-64.

118　K. A. Miller, D. S. Siscovick, L. Sheppard, K. Shepherd, J. H. Sullivan, G. L. Anderson, J. D. Kaufman(2007), "Long-term exposure to air pollution and incidence of cardiovascular events in women", *N Engl J Med*, 2007 Feb 1; 356(5): 447-58.

119 T. Chandola, J. E. Ferrie, A. Perski, T. Akbaraly & M. G. Marmot(2010), "The effect of short sleep duration on coronary heart disease risk is greatest among those with sleep disturbance: a prospective study from the Whitehall II cohort", *Sleep*, 2010 Jun; 33(6): 739-44.

120 "The Global Burden". International Diabetes Federation, https:// diabetesatlas.org/en/sections/worldwide-toll-of-diabetes.html

121 J. Zajac, A. Shrestha, P. Patel & L. Poretsky(2010), "The Main Events in the History of Diabetes Mellitus", *Principles of Diabetes Mellitus*, Springer, Boston, MA: 3-16

122 K. Laios, M. Karamanou, Z. Saridaki & G. Androutsos(2012), "Aretaeus of Cappadocia and the first description of diabetes", *Hormone*(sA thens, Greece), 11(1): 109-113.

123 L. L. FRANK(1957), "Diabetes mellitus in the texts of old Hindu medicine (Charaka, Susruta, Vagbhata)", *The American journal of gastroenterology*, 27(1): 76-95.

124 K. W. Taylor, R. F. Novak, H. A. Anderson, L. S. Birnbaum, Cly. sBtone, M. Devito, D . Jacobs, J. Köhrle, D. H. Lee, L. Rylander, A. Rignell-Hydbom, R. Tornero-Velez, M. E. Turyk, A. L. Boyles, K. A. Thayer & L. Lind(2013), "Evaluation of the association between persistent organic pollutants (POPs) and diabetes in epidemiological studies: a national toxicology program workshop review", *Environmental health perspectives*, 121(7): 774-783.

125 J. H. Kim & Y. C. Hong(2012), "GSTM1, GSTT1, and GSTP1 polymorphisms and associations between air pollutants and markers of insulin resistance in elderly Koreans", *Environmental health perspectives*, 120(10): 1378-1384.

126 "Chemical industry vision 2030: A European Perspective". https://www. kearney.co.kr/chemicals/article?/a/chemical-industry-vision-2030-a-european-perspective

127 Shi-Ming Tu(2012), *Origin of Cancers:Cancer Treatment and Research*, Springer-Verlag New York Inc.

128 Noel Boaz(2002), *Evolving Health:The origin of illness and how the modern world is making us sick*, John Wiley & Sons.

129 H. Kobayashi, S. Ohno, Y. Sasaki & M. Matsuura(2013), "Hereditary breast and ovarian cancer susceptibility genes (review)", *Oncology reports*, 30(3): 1019-1029.

130 "IARC Monographs on the Evaluation of Carcinogenic Risks to Humans", International Agency for Research on Cancer, WHO.

131 D. M. Parkin, L. Boyd & L. C. Walker(2011), "16. The fraction of cancer attributable to lifestyle and environmental factors in the UK in 2010", *British journal of cancer*, 105, Suppl 2: S77-S81.

132 DeLisa Fairweather & Robert Root-Bernstein(2015), "Autoimmune Disease: Mechanisms", *ENCYCLOPEDIA OF LIFE SCIENCES*, John Wiley & Sons, Ltd. 2007. http://www.roitt.com/elspdf/Autoimmune_Disease_Mechanisms.pdf

133 홍윤철(2017),《질병의 종식》, 사이.

134 S. Broadberry, R. Fremdling & P. M. Solar(2008), "European Industry, 1700-1870", *GGDC Working Papers*, Vol. GD-101, Groningen: GGDC.

135 Jeremy Greenwood(1999), "The Third Industrial Revolution: Technology, Productivity, and Income Equality", *Federal Reserve Bank of Cleveland, Economic Review*, 35(2): 2-12.

136 E. A. Wrigley(1962), "The Supply of Raw Materials in the Industrial Revolution", *The Economic History Review*, New Series, 15(1): 1-16.

137 L. Shaw-Taylor & X. You(2018), "The development of the railway network in Britain 1825-1911", https://www.campop.geog.cam.ac.uk/research/projects/transport/onlineatlas/railways.pdf

138 Andrew Atkeson & Patrick J. Kehoe(2001), "The Transition to a New Economy After the Second Industrial Revolution", *National Bureau of Economic Research* No. 8676.

139 H. Stanley Jevons(1931), "The Second Industrial Revolution", *The Economic Journal*, 41(161): 1-18.

140 Joel Mokyr(1999), "The Second Industrial Revolution, 1870-1914", In Valerio Castronovo, ed., Storia dell'economia Mondiale, Rome: Laterza publishing, 219-245.

141 Daron Acemoglu, Pascual Restrepo(2018), "Automation and New Tasks: The Implications of the Task Content of Production for Labor Demand", the Journal of Economics Perspectives

142 George K. Thiruvathukal(2011), "A Mini-History of Computing", American Institute of Physics and IEEE Computer Society.

143 Leiner et al.(1997), "Brief History of the Internet", *ACM SIGCOMM COMPUTER Communication Review*, 39(5): 22-31.

144 Xia et al.(2012), "Internet of Things", *International journal of communication systems*, 25: 1101-1102.

145 Gubbi et al.(2013), "Internet of Things (IoT): A Vision, Architectural Elements, and Future Directions", *Future Generation Computer Systems*, 29(7): 1645-1660.

146 Yoshihito Saito(2000), "The Contribution of Information Technology to Productivity Growth-International Comparison", *International Department Working Paper Series* 01-E-6.

147 Manuel Castells(1999), "Information Technology, Globalization and Social Development", United Nations Research Institute for Social Devloepment.

148 Natalie Fraser, "Mental Illness and Disability", Asia-Australia Mental Health. http://aamh.edu.au/__data/assets/pdf_file/0019/402364/Mental_Illness_is_a_Disability.pdf

149 H. Frankish & R. Horton(2017), "Prevention and management of dementia: a priority for public health", *Lancet*(London, England), 390(10113): 2614-2615.

150, 151 Igor O. Korolev(2014), "Alzheimer's Disease: A Clinical and Basic Science Review", *Medical Student Research Journal*, 4(1): 24-33.

152 H. Frankish & R. Horton(2017), "Prevention and management of dementia: a priority for public health", *Lancet*(London, England), 390(10113): 2614 – 2615.

153 Government Office for Science(2016), "Future of an Ageing Population", *Foresight Report*, London.

154 피터 G. 피터슨(2002), 강연희 역, 《노인들의 사회 그 불안한 미래》, 에코리브르.

155 Japanese Nursing Association(2013), "Nursing for the older people in Japan".

156 Y. Hatano, M. Matsumoto, M. Okita, K. Inoue, K. Takeuchi, T. Tsutsui, S. Nishimura & T. Hayashi(2017), "The Vanguard of Community-based Integrated Care in Japan: The Effect of a Rural Town on National Policy", *International journal of integrated care*, 17(2): 2.

157 Mervyn Susser(1993), "Health as a Human Right: An Epidemiologist's Perspective on the Public Health", *American Journal of Public Health*, 83(3): 418- 426.

158 김창엽(2009), 《건강보장의 이론》, 한울아카데미.

159 OECD(2017), *Health at a Glance 2017:OECD Indicators*, OECD Publishing, rPisa.

160 Braveman et al.(2011), "Health Disparities and Health Equity: The Issue Is Justice", *American Journal of Public Health*, 101 suppl 1: S149-55.

161 Mariana C. Arcaya, Alyssa L. Arcaya & S. V. Subramanian(2015), "Inequalities in health: definitions, concepts, and theories", *Global Health Aicotn 2015*, 8:27106

162 OECD(2017), *Health at a Glance 2017: OECD Indicators*, OECD Publishing, rPisa.

163 https://globalhealth5050.org/gender-and-global-health

164 박진욱(2018), "지역 건강불평등 현황", 〈보건복지포럼〉 통권 제260호: 7-19.

165 Martin Gulliford(2002), "What does 'access to health care' mean?", *Journal of Health Services Research & Policy*, 7(3): 186-188.

166 GBD 2016 Healthcare Access and Quality Collaborators(2018), "Measuring performance on the Healthcare Access and Quality Index for 195 countries and territories and selected subnational locations: a systematic analysis from the Global Burden of Disease Study 2016", *Lancet*, 391.

167 OECD(2017), "Geographic distribution of doctors", *Health at a Glance 2017: OECD Indicators*, OECD Publishing, Paris.

168 http://kosis.kr/statisticsList/statisticsListIndex.do?menuId=M_01_03_01 &vwcd=MT_GTITLE01&parmTabId=M_01_03_01#SelectStatsBoxDiv

169 보건복지부(2018), 〈필수 의료의 지역 격차 없는 포용 국가 실현을 위한 공공보건 의료 발전 종합대책〉, 보건복지부.

170 Peter Batchelor(1969), "The Origin of the Garden City Concept of Urban Form", *Journal of the Society of Architectural Historians*, 28(3): 184-200.

171 B. Yuen(1996), "Creating the Garden City: The Singapore Experience", *Urban Studies*, 33(6): 955-970.

172, 173 Peter Batchelor(1969), "The Origin of the Garden City Concept of Urban Form", *Journal of the Society of Architectural Historians*, 28(3): 184-200.

174 Bradley D. Cross(2004), "'On a business basis': an American Garden City", *Planning Perspectives*, 19(1): 57-77.

175 D. Schuyler(2014), "Frederick Law Olmsted and the World's Columbian Exposition", *Journal of Planning History*, 15(1): 3-28.

176 Helen Peterson(2008), "CLARKDALE, ARIZONA: Built Environment, Social Order, and the City Beautiful Movement, 1913-1920", *The Journal of Arizona History*, 49(1): 27-46.

177 D. Bluestone(1988), "Detroit's City Beautiful and the Problem of Commerce", *Jouarln of the Society of Architectural Historians*, 47(3): 245-262.

178 Helen Peterson(2008), "CLARKDALE, ARIZONA: Built Environment, Social Order, and the City Beautiful Movement, 1913-1920", *The Journal of Arizona History*, 49(1): 27-46.

179 D. Schuyler(2016), "Frederick Law Olmsted and the World's Columbian Exposition", *Journal of Planning History*, 15(1): 3-28.

180 Michael P. McCarthy(1993), "Should We Drink the Water? Typhoid Fever Worries at the Columbian Exposition", *Illinois Historical Journal*, 86(1): 2-14.

181 Samuel Kling(2013), "Wide Boulevards, Narrow Visions: Burnham's Street System and the Chicago Plan Commission, 1909-1930", *Journal of Planning History*, 12(3): 245-268.

182 "2019 Revision of World Population Prospects", the United Nations.

183 World Bank, "Urban development" Retrieved from: https://www.worldbank.org/en/topic/urbandevelopment/overview

184 고든 차일드(2013), 김성태·이경미 역, 《신석기혁명과 도시혁명》, 주류성.

185 NRMA(2017), "Future mobility series: The future is electric", NRMA.

186 https://www.cnu.org/who-we-are/charter-new-urbanism

187 이명호(2018), "제2장 서울, 스마트도시의 일상생활 양식", 〈스마트도시의 사회적 쟁점과 서울시 정책과제〉(변미리 외(편), pp. 2-34), 서울연구원.

188 Rodney Hilton(1984), "Feudalism in Europe: Problems for Historical Materialists", *New left review*, 84-96.

189 World Bank(2019), *World Development Report 2019: The Changing Nature of Work*, Washington, DC: World Bank.

190 삼정KPMG 경제연구원(2019), 「2025 교육산업의 미래: 기술혁신과 플랫폼, 공유경제를 중심으로」, 삼정KPMG.

191 Christopher Barrington-Leigh and Adam Millard-Ball(2015), "A century of sprawl in the United States", *PNAS*, 112(27): 8244-8249.

192 Thomas J. Nechyba & Randall P. Walsh(2004), "Urban Sprawl", *Journal of Economic Perspectives*, 18(4): 177-200.

193 H. Frumkin(2002), "Urban Sprawl and Public Health", *Public Health Reports*, 117(3): 201-217.

194 Thomas J. Nechyba & Randall P. Walsh(2004), "Urban Sprawl", *Journal of Economic Perspectives*, 18(4), 177-200.

195 D. Massey & N. Denton(1988), "Suburbanization and Segregation in U.S. Metropolitan Areas", *American Journal of Sociology*, 94(3): 592-626.

196 S. T. Moga(2017), "The Zoning Map and American City Form", *Journal of*

Planning Education and Research, 37(3): 271-285.

197 Maurício Polidoro, José Augusto de Lollo & Mirian Vizintim Fernandes Barros(2012), "Urban Sprawl and the Challenges for Urban Planning", *Journal of Environmental Protection*, January: 1010-1019.

198 제인 제이콥스(2010), 유강은 역, 《미국 대도시의 죽음과 삶》, 그린비.

199 제이슨 코번(2013), 강은정 역, 《건강도시를 향하여》, 한울아카데미.

200 Y. Hatano, M. Matsumoto, M. Okita, K. Inoue, K. Takeuchi, T. Tsutsui, S. Nishimura & T. Hayashi(2017), "The Vanguard of Community-based Integrated Care in Japan: The Effect of a Rural Town on National Policy", *International journal of integrated care*, 17(2): 2.

201 Age UK.(2011), "Healthy ageing evidence review", London, UK: Author.

202 월드워치연구소(2007), 오수길·진상현·김은숙 역, 《도시의 미래》, 도요새.

203 Building facades from Steven Strong, "Solar Electric Buildings: PV as a Distributed Resource," *Renewable Energy World*, July-August 2002: 171.

204 "The World in 2040: The future of healthcare, mobility, travel and home", Allianz Partners, 2019.

205 네레아 칼비요(2017), "공통적인 것을 위한 공기 기반 체계", 《공유도시: 임박한 미래의 도시 질문》(배형민&알레한드로 자에라폴로 엮음), 워크룸프레스, 54-58.

206 CCPS-AIChE(2006), *Safe Design and Operation of Process Vents and Emission Control System*, Hoboken, NJ: John Wiley & Sons.

207 알레한드로 자에라폴로(2017), "머지않은 공유도시", 《공유도시: 임박한 미래의 도시 질문》(배형민&알레한드로 자에라폴로 엮음), 워크룸프레스, 40-53.

208 마이데르 야구노무니차(2017), "공기 설계", 《공유도시: 임박한 미래의 도시 질문》(배형민&알레한드로 자에라폴로 엮음), 워크룸프레스, 59-79

209 알레한드로 자에라폴로(2017), "머지않은 공유도시", 《공유도시: 임박한 미래의 도시 질문》(배형민&알레한드로 자에라폴로 엮음), 워크룸프레스, 40-53

210, 211 마이데르 야구노무니차(2017), "공기 설계", 《공유도시: 임박한 미래의 도시 질문》(배형민&알레한드로 자에라폴로 엮음), 워크룸프레스, 59-79

212 D. Sedlak(2014), *Water 4.0: The Past, Present, and Future of the World's Most Vital Resource*, Yale University Press.

213 Mark Roseland(2012), *Toward Sustainable Communities*, New Society Publishers; Fourth edition.

214 Jeremy Rifkin(2014), *The Zero Marginal Cost Society: The Internet of Things, the collaborative Commons and the Eclipse of Capitalism*, London: Mcma illan. Paul Mason(2015), *Post Capitalism: A Guide to Our Future, London*: Allen Lane.

215 김병완 외(2019), 《지속가능발전 정책과 거버넌스형 문제해결》, 대영문화사.

216 Manuel Castells(1999), "Information Technology, Globalization and Social Development", United Nations Research Institute for Social Development, UNRISD Discussion Paper No. 114, Palais des Nations 1211 Geneva 10 Stzweiland.

217 Kenneth Newton(2001), "Trust, Social Capital, Civil Society, and Democracy", *International Political Science Review*, 22(2): 201-202.

218 Andre' Gorz(1967), *Strategy for Labor: A Radical Proposal, Boston*: Beacon Press

코로나 이후 생존 도시

2021년 4월 28일 초판 1쇄

지은이 · 홍윤철
펴낸이 · 박영미
펴낸곳 · 포르체

편   집 · 류다경, 원지연
마케팅 · 문서희, 박준혜

출판신고 · 2020년 7월 20일 제2020-000103호
전화 · 02-6083-0128 | 팩스 · 02-6008-0126
이메일 · porchebook@gmail.com

여러분의 소중한 원고를 보내주세요.
porchebook@gmail.com